实用农村环境保护知识丛书

农村土木建筑保护与发展

刘 清　招国栋　赵由才　编著

北 京
冶 金 工 业 出 版 社
2021

内容提要

本书介绍了当前农村土木建筑的保护现状，农村建筑的周边环境治理和传统建筑的修缮方法，列举了当前农村传统土木建筑的保护措施以及再利用的方法、农村文物建筑保护、农村土木建筑保护和发展典型案例。

本书可供科研院所的农村土木建筑相关专业技术人员阅读，也可供高等院校相关专业师生参考。

图书在版编目(CIP)数据

农村土木建筑保护与发展/刘清，招国栋，赵由才编著．—北京：冶金工业出版社，2019.12（2021.11 重印）

（实用农村环境保护知识丛书）

ISBN 978-7-5024-8256-5

Ⅰ.①农… Ⅱ.①刘… ②招… ③赵… Ⅲ.①农村—建筑物—保护—研究—中国 Ⅳ.①TU-87

中国版本图书馆 CIP 数据核字（2019）第 217103 号

农村土木建筑保护与发展

出版发行 冶金工业出版社 **电　话** (010)64027926

地　址 北京市东城区嵩祝院北巷 39 号 **邮　编** 100009

网　址 www. mip1953. com **电子信箱** service@ mip1953. com

责任编辑 杨盈园 美术编辑 彭子赫 版式设计 孙跃红

责任校对 王永欣 责任印制 李玉山

北京中恒海德彩色印刷有限公司

2019 年 12 月第 1 版，2021 年 11 月第 2 次印刷

710mm×1000mm 1/16；9.5 印张；185 千字；142 页

定价 48.00 元

投稿电话 (010)64027932 投稿信箱 tougao@cnmip. com. cn

营销中心电话 (010)64044283

冶金工业出版社天猫旗舰店 yjgycbs. tmall. com

（本书如有印装质量问题，本社营销中心负责退换）

序　言

据有关统计资料介绍，目前中国大陆有县城1600多个：其中建制镇19000多个，农场690多个，自然村266万个（村民委员会所在地的行政村为56万个）。去除设市县级城市的人口和村镇人口到城市务工人员的数量，全国生活在村镇的人口超过8亿人。长期以来，我国一直主要是农耕社会，农村产生的废水（主要是人禽粪便）和废物（相当于现在的餐厨垃圾）都需要完全回用，但现有农村的环境问题有其特殊性，农村人口密度相对较小，而空间面积足够大，在有限的条件下，这些污染物，实际上确是可循环利用资源。

随着农村居民生活消费水平的提高，各种日用消费品和卫生健康药物等的广泛使用导致农村生活垃圾、污水逐年增加。大量生活垃圾和污水无序丢弃、随意排放或露天堆放，不仅占用土地，破坏景观，而且还传播疾病，污染地下水和地表水，对农村环境造成严重污染，影响环境卫生和居民健康。

生活垃圾、生活污水、病死动物、养殖污染、饮用水、建筑废物、污染土壤、农药污染、化肥污染、生物质、河道整治、土木建筑保护与维护、生活垃圾堆场修复等都是必须重视的农村环境改善和整治问题。为了使农村生活实现现代化，又能够保持干净整洁卫生美丽的基本要求，就必须重视科技进步，通过科技进步，避免或消除现代生活带来的消极影响。

多年来，国内外科技工作者、工程师和企业家们，通过艰苦努力和探索，提出了一系列解决农村环境污染的新技术新方法，并得到广泛应用。

鉴于此，我们组织了全国从事环保相关领域的科研工作者和工程技术人员编写了本套丛书，作者以自身的研发成果和科学技术实践为出发点，广泛借鉴、吸收国内外先进技术发展情况，以污染控制与资源化为两条主线，用完整的叙述体例，清晰的内容，图文并茂，阐述环境保护措施；同时，以工艺设计原理与应用实例相结合，全面系统地总结了我国农村环境保护领域的科技进展和应用技术实践成果，对促进我国农村生态文明建设，改善农村环境，实现城乡一体化，造福农村居民具有重要的实践意义。

赵由才
同济大学环境科学与工程学院
污染控制与资源化研究国家重点实验室
2018 年 8 月

前　　言

近年来，随着社会主义新农村建设的大力推进，农村的面貌发生了天翻地覆的变化，一改以往的脏、乱、破、旧的形象，农村居民的居住环境有了很大的改善，但也存在着一些问题：农村新建土木建筑特色丢失，传统土木建筑遭到严重的破坏，传统工艺难以传承。传统土木建筑文化是我国传统文化的重要组成部分，在增强文化自信的过程中，对传统文化的深入了解和保护尤为重要。农村传统土木建筑本身随着时间的侵蚀摇摇欲坠，一旦遭到破坏，其修复的难度是极大的，所以，保护农村传统土木建筑的任务迫在眉睫。

当前，农村土木建筑存在的主要问题是如何保护传统土木建筑。本书介绍了农村土木建设现状、修缮、周边环境治理，重点介绍了文物建筑的保护与利用，即对文物建筑进行保护以及再利用，使之焕发出新的生命力。本书同时对目前农村土木建筑保护和发展案例、发展模式的措施进行了介绍，为当前的农村土木建筑的保护与利用提供技术参考和理论参考，以推动提高农村土木建筑保护的发展及管理水平。

本书第 1 章由杨涛、凌显勇、伍琼芳编写，第 2 章由李渊、招国栋、滑熠龙编写，第 3 章由尹志康、邓真宁、董腾编写，第 4 章由付彬、刘清编写，第 5 章由张雨桐、凌显勇、刘清编写，第 6 章由付彬、刘欢、赵由才编写。全书由刘清、陶秋旺、伍琼芳统稿。本书的出版得到南华大学和国家自然科学基金项目资助。

由于编者水平有限，书中不妥之处，敬请广大读者批评指正。

作者

2019 年 6 月

目　　录

1 农村土木建筑保护现状

1.1 我国农村建设概况

尽管缺乏明确的规划和引导，传统的中国农村建设却达到了美观和功能的完美结合，作为一笔宝贵的物质文化遗产为我国建筑史增添了许多色彩。尤其是一些历史遗留下来的古代农村建筑，充分反映了我国古代劳动人民在建筑方面的独特智慧。改革开放后，中央调整了经济发展战略，开始重视农村经济的发展。在家庭联产承包责任制下，农村经济发展速度有了明显的提升，并且之后在国家一系列优惠政策的扶持下实现了较好较快发展。在有了一定的经济基础之后，农村建设取得了很大的进步，茅草房、土坯房开始逐渐消失，取而代之的是更加牢固的砖瓦房。20 世纪 90 年代后，农业出现衰退趋势，农村的发展变得十分缓慢，农村建设变得艰难起来。2006 年，《中共中央国务院关于推进社会主义新农村建设的若干意见》出台后，国家再次扶持农业的发展，并加大力度促进农村经济的增长。在此基础之上，农村建设上了一个新台阶，各省市先后推出一系列鼓励措施和资金促进农村建设的发展。党的十八大以来，中央高度重视农村建设发展，为了适应新时代发展的需要，提出了一系列农村建设改进措施，为新农村的建设打下了坚实的基础。但与此同时，由于农村建设的不良发展，并且长期缺乏规划与指导，导致农村建筑存在着呆板、乱建、不安全、浪费、管理不完善等问题。现代农村建筑的问题主要为：

（1）建筑精神缺失，传统民居的符号、空间特点、意义等在发展中不断流失。

（2）农村建筑大量使用相对统一的营造方法，导致历史存留的特色缺失。

（3）建设施工缺乏专业技术人员指导，建筑区无统一规划，导致出现乱搭乱建等混乱现象。

（4）材料以次充好或偷工减料，影响质量。

（5）农民对于建筑本身的质量意识差，相关的法制观念及规范意识淡薄。

（6）农村传统土木建筑破坏严重，保护建筑文化遗产意识不足。

1.2 农村土木建筑现状及原因分析

1.2.1 农村土木建筑安全质量现状

1.2.1.1 建筑安全质量标准设立现状

一直以来，我国重视建立、发展与运用安全标准化体系，并且提出了“安全

第一，预防为主，综合治理”的指导方针，完成了多条建筑施工安全、建筑安全质量国家或行业标准的制定、颁布和实施，对大中型及限额以上项目有明确、严格的要求。《中华人民共和国建筑法》规定：“抢险救灾及其他临时性房屋建筑和农民自建低层住宅的建筑活动，不适用本法。”《建筑工程质量管理条例》中也有类似规定，农村自建低层住宅不属于上述法律调整和指导范围。农村住宅从项目许可、建筑设计、建造施工、竣工验收各个环节均缺乏强制性安全质量标准及对应的相关法律。所以目前很多农村低层住宅存在质量安全不合格的风险和建筑设计不规范的问题，但由于没有相关法律的约束，这些问题得不到很好的解决，建筑设计、施工未做到规范管理。

1.2.1.2 安全质量标准执行现状

我国现行建筑标准对于2层及2层以下的“农村住宅建设工程”的新建或者改建规定，首先，需要向相关主管部门申请建设用地（若为改建或翻修，则不需要再次提出用地申请）；其次，根据用地批复、建筑施工图核定建房面积、建筑面积、层数、层高、绝对标高、房屋地址等基本信息，相关部门审批并决定是否同意开工；然后，在同意开工审批下达之后，住宅的建造申请人便可以根据规定的宅基地面积、住宅的占地面积、建筑面积、住宅的位置组织人员进行施工；最后，对已经竣工并提出竣工申请的住宅，相关部门进行竣工验收，经验收合格之后颁发房产证。调查发现，乡镇的村镇建设管理办公室人员配置严重不足，多为一个办公室主任加上一个村镇建设助理员，以及各村干部、生产队长协助管理。这样少数且缺乏专业知识的人力来管理全乡（镇）的村镇建设，大多数情况下只能进行理性合理的宏观调控，无法做到细化、精确的管理，这对于农村建设的发展来说是远远不够的。对农村住宅的安全质量管理，相关基层主管部门显得力不从心，导致在整个农村住宅建造的过程中，基本没有安全质量的保障。

1.2.1.3 安全质量监管现状

一份山东省的新农村建设质量安全报告中显示，农村住宅建设工程中存在着诸多问题，如不履行建设程序、质量安全意识薄弱、缺乏监管、技术力量差、部分工程基本上属于建筑工匠单干、凭经验施工、无技术性图纸施工、无相关标准施工等。由此可见，目前农村建设存在着比较大的风险。一些学者和研究人员经过大量的实地调查也发现了同样的问题：由于对农村住宅安全质量监管力度不足，且监督人员缺乏，导致对于违规、不合格的建筑审查不严。同时，也因为没有现行的强制性农村住宅安全质量标准、法规作为监管依据，居民的安全意识存在严重不足，导致短时间内居民基本没有安全质量诉求、相关主管职能部门监管也因没有相关标准对于质量问题无从下手。目前，大多数低层住宅建筑采用的主

要是图 1-1 所示的四种结构：传统的砌体结构（包括数量巨大的砖混和砖木结构）、混凝土框架结构，以及得到大力推广的钢框架结构和冷弯薄壁型钢结构。当然，由于地域经济差异，在一些相对偏远落后的农村地区住宅的主体结构还在使用木结构、毛石墙结构，甚至是生土墙结构，这种住宅存在较高的安全风险。农村住宅之所以采用的这些结构，大多数是因为缺乏政府有关职能部门的监管以及住宅建成时间较早等原因，建造时基本没有按照我国各地区的农村住宅建设施工技术导则要求施工。在抵抗地震、飓风、洪水、泥石流等自然灾害时，这些结构没有足够的能力保证住宅主体结构安全，从而无法保障居民生命财产安全。

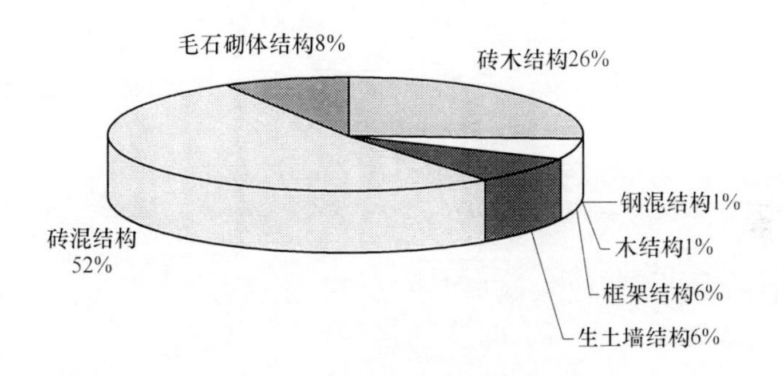

图 1-1 目前农村低层住宅结构

由于缺乏相关的建筑知识与安全意识，在经验以及传统观念影响下，居民对自己修建住宅的安全质量了解十分少，甚至随意进行改造。即使在 2008 年汶川地震之后，也仅有少数的农村住宅在建造时使用了圈梁和构造柱。虽然一定程度上确实比之前好一些，但基本上仍是无图、无标准施工，居民只是由于自然灾难对住宅可能的潜在安全质量隐患有所顾忌，并没有真正达到重视的程度。同时，由于一部分人资金短缺，贪图价格便宜，在建筑材料选购和使用时几乎不考虑安全质量是否满足建筑需要，盲目开工建设，以满足遮风避雨为要求，对房屋的结构的稳定性及其他安全问题缺少考虑。即使是有一定经济条件的农户，也主要考虑住宅的实用、经济和盲目的跟风，只追求房屋的居住功能，没有足够的意识考虑住宅的安全质量标准问题，使得建筑存在较大的安全质量隐患。与此同时，据调查结果反馈的数据显示，村民基本不考虑住宅安全质量隐患问题，可见在建筑方面的安全文化宣传教育不足、安全质量意识十分淡薄、相关监管缺失的情况也十分严重。对此问题，在 2006 年，原建设部下发了《关于加强农民住房建设技术服务和管理的通知》，其中要求完善选址意见书和开工许可证制度（即“一书一证”制度），以确保农民在住房建设选址与设计中的安全。但从实际实施的情况看来，其执行程度并不乐观，地勘报告或选址意见书在多数农村住宅在选址时

仍然没有。建筑地基在基础设计和施工中一个重要依据就是地勘报告，地勘报告主要是对工程地质条件和岩土工程特点进行准确勘测，此过程直接关系到工程设计和建筑施工的安全性。准确的地勘报告加上合理的设计可以有效地避免出现建筑的沉降、倾覆、倒塌等安全问题，可以降低受地质灾害的影响，降低引发地质环境破坏的可能性。可以说，地勘报告是房屋选址必不可少的一环，直接关系到房屋建造后的稳定性。调查发现，没有地勘报告与房屋场地安全性评价而导致的农村住宅不均匀沉降、上部结构开裂等现象较为常见。

1.2.1.4 设计环节漏洞导致的安全标准无法明确

农村地广人稀，而且“农村住宅建设工程”涉及范围广泛、建造点位散、各地建筑风格迥异，地质气象条件也各不相同，因此导致国家在各地推行的农村住房通用图无法满足所有住宅的需求，主要存在以下几个问题：

（1）户型选择相对较少，无法满足广大用户对住宅户型、外观、构造方面的个性化需求。

（2）建筑面积相对固定，土地资源利用率低。

（3）非专业施工人员识图和理解难度较大。

（4）设计方案数量有限等。

虽然与以前比较，对于农村住宅安全质量的保证、人居环境和居住质量的提升，农村住房通用图有所突破，但在适应不同地质环境和满足抗灾抗震安全质量标准、满足用户的个性化需求、充分利用土地资源这几个方面上，依然无法满足所有农村住宅建设的要求。目前，对于农村住宅设计环节方面，存在的问题已经引起国家相关部门的注意，并且加大力度做出改进，但因为诸多因素的影响仍然收效甚微。设计环节的漏洞不仅仅体现在外观方面最主要，它导致住宅本身安全标准无法明确，如图 1-2 所示。其中图 1-2 中有 7%的农村住宅由有资质的单位设计，因为这 7%均来自“新农村建设示范片区”，在整个调查区域内数量非常有

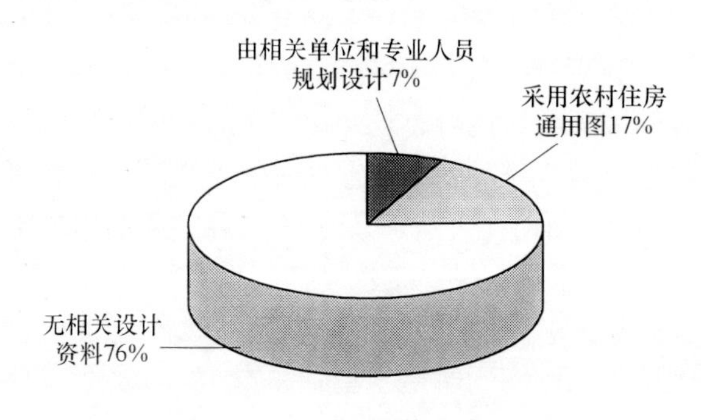

图 1-2　农村住宅设计现状统计

限，所以它们并不能说明农村住宅在设计环节上有保障。在调查过程中，除了示范片区住宅之外没有发现任何一处由有设计资质单位设计。

图 1-2 所示农村住宅设计现状反映了通用图在设计过程中无法充分考虑农民的生活习惯与行业需求，其功能分区存在较大遗漏，从侧面印证了农村住房通用图，无法满足每一家居住的各种要求。

1.2.1.5 施工监管不到位造成质量保障缺乏

2012 年，四川省卑水县安靖镇沙湾村一栋正在施工的 4 层农房突然垮塌，造成严重事故。据了解，其施工队无建筑资质，使用廉价的建材，承包价仅为市场价的一半，属于典型的施工监管不到位案例。“农村住宅建设工程”施工监管不到位主要表现在四个方面：

（1）非专业施工队伍无序施工。由于农村住宅建设规模较小，技术要求不高，而聘请专业施工队伍成本高，人员管理相对麻烦，在施工过程当中，大多数住宅建造申请人往往会选择就近聘请不具有职业资格的工匠（施工人员构成情况如图 1-3 所示），作为施工队伍没有专业的设备和技术实力，极不利于住宅质量的有效保障，也是造成住宅安全风险的一个主要因素。

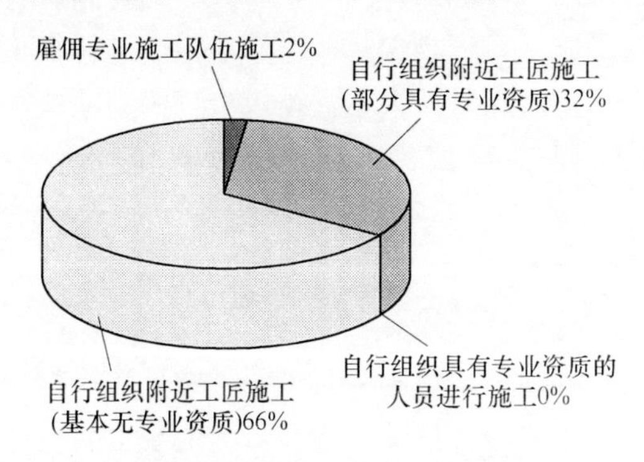

图 1-3 施工人员构成情况

（2）非专业监理的无序监理。图 1-4 所示为我国农村住宅建设监理现状统计。由图可以看出，对农村住宅我国没有实行强制性施工过程监理，大多数住宅建造申请人自行监理住宅的建造，或者是由村民做义务监工，他们并没有专业的知识。对于住宅施工过程中的施工环节质量过关与否，这些非专业人员其实无法保障，监理仅仅是一个表面形式主义，缺乏实际意义，有很多工程甚至不提监理或根本就不知道要监理，更不知如何执行监理。因此，无序监理为住宅的安全质量蒙上了一层阴影。

（3）无图无资料施工。虽然农村住房通用图已经逐步推行，但许多农村住

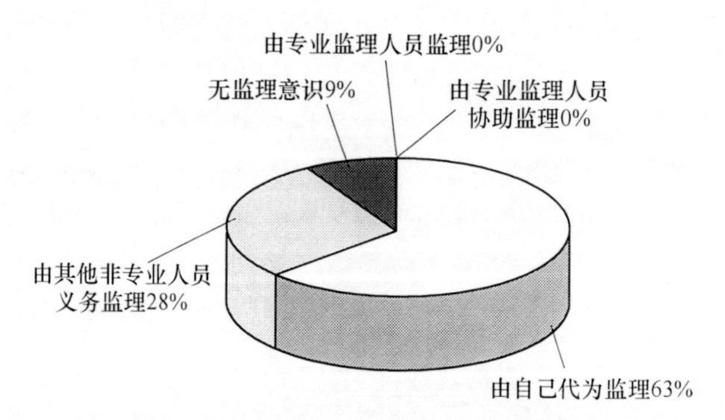

图 1-4　农村住宅建设监理现状统计

宅建造仍然存在无图、无资料，凭主观想象直接施工的现象。

（4）滥用非标准建材。由于农村住宅建设的规模一般不大，所需要的材料不多，所以一般都是在分销商处购买其使用的钢材、水泥等主材。由于分销商销售的建筑材料质量缺乏监管，存在质量问题，因此难以保障在分销商处购买的钢材、水泥等主材的质量过关，有时还容易购买到“地条钢”或者购买到过期水泥等，大大加重了住宅建筑的风险。同时，对砖、瓦、砂、石等地方材料，由于缺少检测手段或判断经验，对进场建筑材料一般很少进行复检，无论质量好坏都直接使用。因此，在住宅修建时如果不去正规市场购买建筑材料，很容易购买和使用到不合格的建筑材料，导致住宅在建造过程和使用中存在着较大的安全隐患。

1.2.1.6　验收标准不清晰凸显监管模式松散

在农村住宅建设工程当中，竣工验收是及时发现建筑物安全隐患、建筑物安全质量问题最后的和最重要的一道关卡，而当前的竣工验收并不能达到预期的效果。通过咨询相关主管部门以及农村住宅用户了解到，当前的农村住宅的竣工验收环节基本内容是放线测算，比较实际面积与申请面积是否相符，考察规划用地与实际使用土地是否一致，检查住宅建设各种证件是否齐全；而对工程安全质量的检测力度相对薄弱，甚至由于缺乏专业人员和验收标准，难以准确判断竣工验收的农村住宅安全质量是否合格。在不能对住宅的安全质量做出准确的评估的情况下便通过验收，颁发房产证，使验收标准不清晰，凸显出住宅监管模式的松散，反映当前农村住宅建设监管无力的现状。

通过分析可以发现，农村住宅安全质量监管缺乏专业人才，而且没有形成实际意义上的运行机制，无法通过此环节保障农村住宅安全质量，其应起到的作用被大大限制了。近几年来，几次重大的破坏性自然灾害，我国吸取了惨痛的教

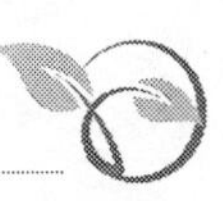

训，国家加大了防灾减灾工作的力度，尤其是住宅结构强度与安全这一方面。目前，正在制定《村镇住宅结构施工及验收规范》，该规范提出了明确的要求和强制性标准，对于保障包括农村住宅在内的村镇住宅结构施工的安全和验收具有重大意义。2008 年，四川住房和城乡建设厅以最快的速度颁布实施了《汶川地震灾后农房恢复重建技术导则（试行）》，以加强汶川地震灾后农房恢复重建的技术指导，建设安全、经济、实用的农房，改善村庄人居环境。在此之后，四川省住房和城乡建设厅又出台了《四川省农村居住建筑施工技术导则》，旨在加强管理和指导农村居住建筑施工，提高农村居住建筑质量和水平。目前，各级政府已经充分认识到农村住宅质量安全问题并且开始将农村住宅安全质量纳入我国安全质量标准化体系，这是一个相当大的进步。农村住宅安全质量标准的实行和加强质量监管势在必行，这样才能使住宅对抗各种自然灾害的能力大大提升，对保护人民生命和财产安全意义重大。

1.2.2 方案选用不合理

农村建房一般无建筑师参与，大多数都是相互模仿，各式风格混搭，参差不齐。其结果是不环保、土地利用率低、使用不方便、缺乏美感、性价比低、乱建乱占、新旧混杂，一些甚至阻碍交通，使得道路不畅的现象层出不穷。建筑风格与人们的生活方式也不搭调，显得不伦不类。

1.2.3 结构设计不合理、无正规设计图纸、施工随意性大

目前农村建房，95%以上的在建造中无正规施工图，建房时胡乱拼凑，施工时仅凭工匠经验动工。施工队也基本上由村民自行招募组织，小工一般是纯农民，大工可能是学过几年的泥瓦匠，有一点建房经验但没有专业的建筑施工技术，而且往往缺少专业的设备。在建造过程中随意拆建改建，甚至为了省事而忽略住宅的结构稳定性，建筑质量无保障，抗灾能力低。基础设计不合理，片面考虑节省开支和方便施工，没有任何地质资料，忽视软弱土和淤泥质地基的危害，基础埋置过浅，又无加固措施等，这些都增大了住宅质量的安全风险。另外，一些重要构件的布置不合理，导致损坏建筑，使得整体功能下降。许多住宅现浇板时，根本没有按照设计和施工规范的要求进行施工，板内配筋和板的厚度严重不符合标准，无法达到预期的效果。所以导致房屋使用一段时间后，屋面就开始出现不同程度的裂缝，梁上部及屋面四周、墙板交接处出现裂缝，致使屋面多处渗漏。轻则影响使用功能，重则影响整个房屋的结构。

施工人员技术素质低，质量意识缺乏，住宅质量得不到有效保证。农村建房建筑规模小，大的施工队不愿承揽，大多是个体瓦工、木匠工等杂牌队伍拼凑而

成。一般都没有经过正规培训和专业技术考核，基本的建筑施工知识缺乏，技术工艺落后，施工不得要领。在配制砂浆、混凝土时，不知道何为配合比，对于粗细骨料也不称量，凭经验搅拌，对于其是否合格没有准确的判断；对砌筑砂浆或浇筑的混凝土要求达到的标号及强度心中无底，砌体质量差，灰缝不标准，通缝现象严重，砂浆饱满度不足；预埋的拉结筋随意放置，长度、方向、间距都不标准，造成纵横墙接槎不牢；干砖上墙，因砂浆严重失水而导致砌体强度降低。以上种种做法都降低了房屋结构的安全性、可靠性，使房屋的质量得不到保证，甚至在施工过程中出现严重的问题。图 1-5 所示为住房质量差导致的倒塌。

图 1-5　住房质量差导致的倒塌

1.2.4　监管缺失

受中国历史原因所限，我国对于村级低层建筑实施的各项法律、法规、规程、规范比较少，其限制和干预能力较为薄弱；同时，受监管人员的数量限制，监管部门对监管的范围也没有延伸至村级。在改革开放之前，农村整体经济条件比较落后，建设规模较小，住房形式单一，此时对于农村的建筑没有丝毫限制。在农村房屋建设的问题上，并没有突显什么特别大的矛盾。近年来，随着农村经济逐步发展，生活水平逐渐提高，房屋建设规模逐步增大，房屋形式和风格开始变得不再单一，多样化的建筑风格不断发展（跨度加大、层数增多等），但与之相适应的地基处理与主体结构形式不匹配，监管空缺等问题无法满足农村建筑发展的需要，产生了许多安全隐患、质量隐患，严重影响了广大农民生活水平的提高和社会主义新农村建设进程，阻碍了农村建筑的健康发展。

1.2.5　村民安全意识淡薄

目前职能部门的监督、引导及宣传力度十分有限，导致广大村民的房屋建设

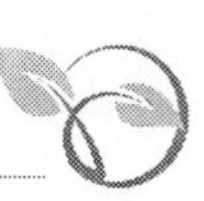

安全意识淡薄，只是沿袭以前的建筑形式，没有相应的安全意识。对结构的合理性、地基的稳定性的认识不足，对房屋出现的问题不了解、不重视，埋下了诸多安全隐患。

1.2.6　施工依据不足、专业人员欠缺

农村房屋设计的图纸大多无规范可言，大量建设只是参照其他建筑物，照搬照套，无法保证其地基、结构及布局的合理性。对于地基处理相对简单，有的甚至不处理，地基的承载力、基础截面尺寸、基础埋深更是无法保证房屋建设需要，存在重大的隐患。使用大量的烧结砖，但构造设置柱太少，圈梁设置严重不足，砌混结构不完善，结构整体性、稳定性十分差；随意加层现象严重，单纯要求大空间、大跨度，但结构强度，整体受力不合理；不合理的房间布局造成空间的浪费；在河北等农村地区房屋建筑中，讲究不留后窗，无法保证正常的通风、照明；专业施工队伍及人员缺乏，施工人员基本是当地的农民，欠缺专业知识及经验，无法保证各环节、各工序的质量，施工材料（钢筋、水泥等）的质量。农村建材市场混乱，材料质量参差不齐，很多都是小作坊、黑作坊产的“三无”产品，无法保证基本的性能、质量。

以上诸多原因，造成了诸多安全隐患和质量问题，可能导致严重的后果。地基不稳产生不均匀沉降，随之产生地面、墙面、屋面开裂、屋面漏水等问题。质量缺陷一般有结构不合理、整体稳定性差，更是埋下了开裂、坍塌的质量安全隐患。随意加层导致的危害和后果相当严重，轻者房屋结构不稳，出现裂缝；重者，将导致房屋倾斜、倒塌。结构布局不合理、封闭不严，造成不必要的资源浪费。因窗户设置不合理，日照不足，只能采用灯具照明，浪费电力资源；随着农村生活水平的提高，目前也逐步投入单体采暖设备，但因空间大、封闭不严、日照度不足，其采暖效果很不理想。同时资源损耗严重（大部分还是燃煤型的），环境污染问题逐步显现，与当下节能减排主旨相背。并且，随着农村建筑不断发展，产生的建筑垃圾量逐步增大，但没有引起有关部门的足够重视，对这一问题仍没有合理的处理方法，更没有配套的监管机制。随意堆放、排放的现象十分常见，更有一些地方，为了减少垃圾处理成本，让城市的建筑垃圾也流向农村。有些城市市郊建筑垃圾已堆积如山，对农村乃至区域的环境不良影响也逐步突显，严重影响了农村的生态环境，浪费了诸多的土地资源。目前，完善农村建筑垃圾的处理及监管机制是解决此问题的一个有效手段。

1.2.7　灾难损失伤亡惨重

农村建设监管不到位，建设条件比较复杂，房屋结构和选址等诸多问题不合理等因素，导致的结果从历次地震、地质灾害的报道中出现的诸多令人心痛和悲

惨的画面和一组组惊人的数字已可以看出。农村的损失与伤亡，大家都应该铭记于心，也应吸取教训，各级部门更应该高度重视，从而制定相关的加强政策、制度及标准，提升农村建筑对抗自然灾害的能力，减少其在灾难中的财产损失和人员伤亡。住宅分类及其比例如图 1-6 所示。

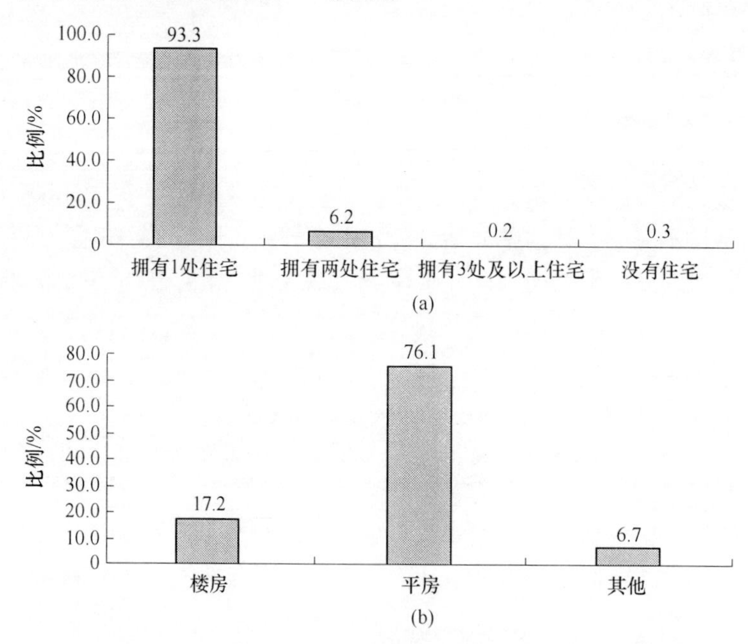

图 1-6　住宅分类及其比例

（a）按拥有住宅数量分类；（b）按住宅类型分类

1.3　农村土木建筑现有保护方法及改进措施

1.3.1　农村建筑的防雷措施

对于大多数农村来说，一般都位于树木茂盛、河流众多的山区和较为空旷的平原地区，这些地方经常是雷击的频发地区，雷击事件时有发生，因而部分地区许多建筑物都已安装避雷针，以此来防止雷击。山区雷击的规律和特点如下：

（1）地下水出口处、不同电阻率岩石的衔接地段在一定程度上更容易遭雷击；河床、裂碑、山坡下等地方，雷击次数多于一般地区；水田多于旱田、低洼田多于高位田，村寨多于城市；湖泊、沟渠密布地区、低洼地区、地下水位高的地带，雷电活动最为频繁。

（2）当雷电击中混合结构房屋或砖木结构房屋时，如果此时室内无大量可燃物存在，雷击之后一般只打掉屋角或屋檐、墙等部分砖瓦，造成火灾发生的可能性小；木结构房屋遭受雷击时，固定金属配件（如铁拉杆、铁螺栓等）附近

破坏最严重，有时在金属配件之间会出现火花放电，从而引起火灾；用竹、木、草等可燃材料搭建的简易房屋，以及柴草、棉花、麻秆等易燃物的堆垛遭到雷击后，最容易引起火灾。

（3）沿架空电线、广播线和天线引入的雷电事故较多，约占整个雷电事故的2/3以上。

目前，我国农村实施防雷措施的场所及其特点如下：

（1）雷击次数较多地区的重要农村建筑物，如人员比较密集的俱乐部、电影院、礼堂以及面积较大、层数较多的学校、旅馆、综合楼等。

（2）雷击次数较多地区，并且高度在10～15m以上的独立建筑物，如烟囱、水塔、风车等。

（3）有文物保护价值的古代建筑物和有纪念意义的建筑物。

（4）面积较大、高度较高的工副业厂房以及储量较大的粮食、棉花库房和露天棉花、芦苇等可燃物堆场等。

（5）牲畜较多的大型牲畜棚。

（6）生产、储存、使用赛璐璐、硝化棉、酒精、丙酮、黑火药（鞭炮）等火灾爆炸危险性大的建筑物。

（7）储存汽油、煤油、柴油等可燃、易燃液体的储罐区或库房。

（8）谷草等易燃物的屋面建筑，在其附近设置独立避雷针进行保护。

1.3.2 农村土木建筑防开裂措施

近年来，通过对多个地区的现场勘察与检测之后发现，砖砌体住宅房屋墙体裂缝主要可归纳为两种，即房屋顶层纵墙产生水平与正“八”字形裂缝，由温差引起的温差裂缝和沉降裂缝。而“八”字形裂缝相对于水平裂缝而言更为明显，其表现为靠房屋端部最严重，越向中央裂缝越小。裂缝会同时出现在同开间的几道纵墙上，且阳面较阴面严重。

不论是温度裂缝或沉降裂缝，一方面采取的对策措施是建议设计部门做些更细致的工作。比如，进行必要温度变形验算，以便考虑屋顶混凝土构件是否采取预留伸缩缝，或从构造上和选用材料上采取相应措施等；综合分析地质报告提供的数据和结论建议，在进行沉降计算的同时，判定设计的上部结构形式是否能满足地基沉降的要求，必要时要采取办法调整结构刚度。另一方面就是要加强现场的施工管理工作，地基处理要严格按设计指标和要求进行。施工中若发现异常情况要及时通知设计和管理人员，各方面不能只注重进度不重视质量。砌体的砌筑质量也是造成墙体开裂的不可忽视的因素，通过工程检测，发现往往由于在施工过程中对顶部砂浆质量不够重视，从而导致顶部砌体不满足设计要求的相对多些，也给砌体开裂创造了条件。

处理措施：温度裂缝由温差变形引起，其位置和走向，不会影响到墙体的强度，但有碍观瞻，给人一种不安全感，有时容易引起渗漏，影响到结构的耐久性，久而久之出现更严重的问题。

一般应待裂缝基本稳定后再进行处理。其处理方法不是一味地加固补强，而是要进行修补裂缝的处理。最常用的方法是压力灌浆法，采用 107 胶聚合水泥浆。施工工艺为：清理面层及裂缝，利用液压或者气压的方法将凝固的浆液注入裂缝进行灌浆。如此方法处理后，就能保证墙体的整体性。沉降裂缝产生的原因比较复杂，如果裂缝开展不大，又能稳定，则仍能采取上述修的裂缝处理措施；若出现其他情况，应根据具体情况采取相应的加固补修措施，这样才能使得处理效果最优化。

1.3.3 农村土木建筑防渗防漏的形式

在农村住宅施工和使用过程中，可能造成房屋工程渗漏的原因有很多，如设计失误、选材不当、施工工艺不规范、细部做法不认真、自然环境条件的影响等因素造成建筑工程中地面或墙裂缝，引起渗漏。最为常见的是外墙渗漏，外墙上有贯通的裂缝，就会出现渗漏。此外，地基不均匀沉降、温度变形、干湿变形等，这些都有可能引起外墙开裂。

1.3.4 防水工程中主要采取的措施

在建设工程中，防水工程占有十分重要的地位，其效果和质量受多方面因素的影响，因此要通过综合性的治理措施才能满足需要。在工程施工中较为突出的问题之一就是建筑物的渗漏问题，这是防水工程的主要目的所在，目前主要在以下几个方面采取措施：

（1）防水材料方面。防水材料指防止雨水、地下水、工业和民用的排水、腐蚀性液体以及空气中的湿气、蒸气等侵入建筑物的材料。任何一种防水材料都有它的独特性、适用性。目前没有一种材料可以满足所有的防水任务，每一种防水材料以其特有的材性在建筑物不同部位发挥防水功能。换言之，任何一种材料都不是万能的。

（2）防水的基层机构设计方面。防水工程的重点是主体结构和基层，所以必须控制好基层质量。基层质量的优劣将直接影响防水层质量，主体结构和找平层的刚度、平整度、强度、表层坡度大小，表面完善无起砂、起皮，无缝隙，基层含水率合格都是保证防水层质量的关键。只有把设计、材料、施工、管理维护各个环节都作好了，才能保证和延长建筑防水工程的使用年限以及发挥正常的功能。

以上措施为我国农村土木建筑主要的保护措施，除了以上土木建筑保护措施

外，还应加强土木建筑保护意识，提高保护技术，将更新的理念和技术融入到农村土木建筑保护中去，以下是在现有保护手段上的新思路。

1.3.5　将农村土木建筑与新农村建设相结合

2005年，“十一五规划纲要”提出要按照“生产发展、生活宽裕、乡风文明、村容整洁、管理民主”的要求，扎实推进社会主义新农村建设。因此，农村住宅工程建设也应当围绕建设社会主义新农村这个核心目标来进行。这个目标最主要的目的就是改善和提高广大农民的人居环境和居住质量，也是最为重要的基础性工程。在农村住宅工程建设为建设社会主义新农村服务的过程中，应当借鉴欧盟、韩国、日本、澳大利亚等发达国家在建设本国“新农村”过程当中的成功经验，根据中国农村的实际情况出发，在总体思路中把握住农村住宅安全质量标准化的实际运用，将农村住宅工程的建设与基础性配套设施的建设相结合，实现新农村建设的良性健康发展。在农村住宅工程建设的规划设计阶段应当按需求和地域特征将包括家庭化粪池、污水处理系统、沼气池等基础性配套设施纳入整个工程的设计并成为其中的一部分，而不是像现在这样将其分割开来甚至是不予考虑，完善农村建筑的流程与体系建设。这样一来，无论是采取农村住宅聚居模式，还是由于当地地形地貌限制，或对环境保护的要求采取散居模式，只要结合合理的规划便都可实现与农村社区基础性设施建设、市政工程建设等项目的对接，为建设社会主义新农村发挥基础性功能。

1.3.6　制定并推广适用于当地农村土木建筑的图集

现有的村镇建筑中大部分为自建房，很多建筑修建完成后发现建筑的功能性差、功能缺失、建筑结构布局不合理、建筑不满足基本的构造要求，导致建筑在遭遇常遇地震和恶劣自然灾害后严重破坏或倒塌，发生人员伤亡和财产损失。目前各省市都基本出版过新农村住宅方案图集，但是很多建筑图集没能充分考虑农民的性格特征、生活习惯与行业需求，加之造价偏高等原因，实际农民建房时使用很少，并没有起到预期所想的效果。基于农业行业与农民需求，并且使农村建筑具有地域民居特色，以及充分考虑节能、节地、节材住宅图集（至少100种户型）的研制与示范工程建设迫在眉睫。只有充分尊重和突出农民的主体地位，依靠图集统筹规划与示范带动，政府再适当经济补贴，才能将灾后重建与新农村建设稳步推进，逐步提升全农村住宅质量和舒适度。

1.3.7　农村土木建筑建设项目商业化

我国自改革开放以来，经济飞速发展，国民生产总值快速增长，人民生活水平有了极大改善。在社会主义市场经济制度的指引之下，包括建筑业在内的我国各行业均开始了商业化进程和日渐激烈的市场竞争；然而，同属建筑业的农村住宅工程建设项目却是无人问津。但是，从城乡统筹建设发展的趋势看，将农村住宅工程建设项目商业化是保证建设质量相对简便可行、必要的办法，具有十分重要的实际意义。

1.3.8 农村土木建筑安全质量保证责任化

为保证建筑安全质量应将农村住宅基本资料信息化，建立信息化数据库，并且录入住宅安全质量责任单位及责任人，成为数据库系统资料。一旦农村住宅出现安全质量问题，在质监部门出具相关报告，确认安全质量问题原因之后，如果需要进行问责和调查，便可以通过数据库系统，第一时间准确找到并控制责任人，为后期工作做好准备。同时，在农村住宅建成之后的使用过程当中，如果农村住宅由作者上述的商业化方式建成，其建筑公司在建成之后便应当对该商品（农村住宅）实行安全质量的“三包”，一旦出现任何安全质量问题，并且符合保修条件，责任单位便应当按照建设部《房屋建筑工程质量保修办法》中的规定履行相关义务。如果遇到比较重大的安全质量问题，无法通过修缮达到安全质量标准的，应当按照建造时签订的农村住宅工程建设项目合同中的规定，对受到损失的用户进行相关赔偿，如需对相关责任单位或者责任人追究法律责任的，可通过司法程序移送司法机关，依法追究相关法律责任，达到质量安全和责任化的效果。

另外，除上述结果惩戒方式外，还应当积极采取行为惩戒方式对农村住宅安全质量保证责任化予以强化。相关监管职能部门应依托基本信息数据库、农村住宅工程建设项目商业化的备案信息、与用户签订的合同及相关资料，加强农村住宅建设工程安全生产的例行检查、突击检查和抽查力度，对于不合格、违规建筑严格进行依法处置。对工程建设过程中出现的问题，依照2014年实施的《中华人民共和国安全生产法》和相关法律法规对相关单位和责任人进行行为处罚，要求限期整顿整改，甚至停工，从行为上规范农村住宅工程建设项目的安全生产，从而减少和降低农村住宅工程建设项目的事故率和伤亡率，保障农村住宅的安全质量。

1.4 农村土木建筑发展思路与展望

1.4.1 以环保、可持续发展为目的

农村土木建筑的优化需要遵循生态化与实用化的和谐共处和同步发展，由于长期的技术落后和对农村建筑的保护不够，农村传统土木建筑需要更好地进行保护。农村土木建筑的优化建设和保护应该是以安全舒适与美观生态化为前提的，不应将这种建设与农村城镇化一概而论，而需有其自己的特色与目标。新农村建设必须坚持将这种前提放在首位，将保护农村土木建筑这个观念融入农村建筑景观规划设计全过程中，尽可能保持农村土木建筑风貌，将安全舒适与美观生态有

机结合作为农村土木建筑发展的目标。

1.4.2　功能性、美观性和延续性相结合

新农村与旧农村的主要区别在于新农村具有完善的功能和合理的规划，要求根据当地的人口规模情况，按一定比例合理进行市政基础设施配套，规划合适的建筑来满足村民的一般需求，改善村民生活条件。在优化过程中，需要将功能性需要与美观性、延续性相结合，目前一些极富特色的景观或建筑尚未受到政府等相关部门的保护，但对农村居民具有重要意义，政府应采取措施进行必要的保护与修缮。要做到满足村民的基本要求，不应因时代的发展而与历史相背离。保护环境是农村发展的新前提，农村的发展依赖于自然环境，而传统的生活习惯导致农村对环境方面不重视，良好的环境可以提高居民的生活质量、提高居民生活水平、提升居民幸福指数，这需要加大对农村的环保意识的培养和采取强制措施。农村土木建筑具有地域性的特点，在发展过程中，要结合“以人为本”的理念，尊重村民意见并适当采纳。我国农村建筑景观建设的建议：

（1）正确处理好现代文明与历史文化景观建设的关系。农村建筑景观的价值不在于其功能、效率、实用性，而在于其对于历史的见证和文化的传承的重要意义。人类的发展离不开文化的传承，农村传统建设在文化的传承上起着重要作用，但因受封建思想的长期影响，也存在一定缺点，应本着“取其精华，去其糟粕”的心态，将有意义的文化内容加以保护，努力引导，使其重焕生机。

（2）将精神文明与经济建设有机结合。精神文明建设的主要内容是思想建设和文化建设，农村土木建筑建设就是进行文化建设，努力建设并提升农村人文环境。农村人文环境是指以村民为主体，以农业为依托的农村社会、经济、政治、文化环境，是农村居民从事社会生产和社会生活的社会文化背景，是文化景观生存的渊源，是文化景观建设的基础。保护好农村文化有助于进一步了解农村文化、提升村民的文化素养，使农村精神文明与经济发展相协调，改善农村的物质生活。

（3）加强对原有物质文化遗产的保护。农村土木建筑承载着自然、生态以及文化的历史印记，对于农村的原有物质文化遗产，应做到努力保护，特别是特色景观的维护，并且对于已经破坏的应加以修缮。同时，也应该发掘其自身尚未发掘的特殊内涵，使农村的优秀景观文化得以发扬和传承。努力挖掘农村历史文化印记，以完善当地民俗文化为基础，以村民的文化认同感为依据，更新延续农村历史文化的发展。

（4）加强农村土木建筑的规划与实施。建筑文化景观能起到装点环境、愉悦心灵的作用，但是在农村经济建设过程中还未受到重视。由于缺乏法律的保护，以及长期的缺少重视，大量宝贵的建筑文化景观受到人类和自然环境的破坏。在建设过程中文化应与经济建设相辅相成，与其他建设工作互相促进，应该结合农村发展规划采取具体的措施进行建设。

1.4.3 农村土木建筑整改建议

农村建筑整改应该延伸监管、加强宣传、提高安全隐患意识。

(1) 结合中国国情逐步延伸监管，逐步规范农村建筑的实施程序、规范农村建筑材料市场。逐步做到农村建筑有人管，规范管；同时，要加强农村建材市场的统筹管理力度，严打黑作坊、黑老板，确保农村建材的质量，因地制宜，逐步推行安全、环保材料，淘汰黏土砖、空心板等建筑材料。

(2) 提供指导方案。政府相关管理部门组织专业人员，结合普勘、民情及当地地质情况、资源情况，制定出几套建设指导方案，包括地基处理、结构形式及布局等，供村民选择，使安全、环保、节能的建筑在农村能逐步得以推广，使农村建筑有据可依，使农村建筑的整体质量得以提高。

(3) 加强隐患排查力度（危房、危基）。组织专门力量，对农村建筑，尤其是偏远山区的建筑进行安全隐患排查，对于地质灾害频发、地基不稳的区域，提前动员搬迁、妥善安置。对于房屋结构不合理、安全隐患严重的房屋，要逐步淘汰、拆除，使广大农民有个安全的家。

(4) 规范补偿机制。国家制定的保证生活水平不下降，并有所提高，后续生活要有保证的基本补偿政策是好的，但不能止步于此，还应逐步完善补偿制度和加强补偿体系建设，减少中间截流环节，在严格、有效贯彻相关政策的同时，应制定相关辅助政策（如限额补助），减少补偿过高的现象出现，防止补偿产生暴发户、土豪的现象出现，体现合理、公平、自立的补偿机制。

(5) 规范垃圾处理。目前，随着农村经济的发展，人民生活水平的提高，在广大农村建筑垃圾、生活垃圾的产生量越来越大，如果没有妥善的处理机制，农村的环境将会越来越恶劣，原有的生态将会被破坏，并将产生极其不良的影响。因此，在农村首先要指定垃圾存放点，改变随意倾倒垃圾的习惯，然后集中处理，尤其是城中村、市郊村等人口密集的区域，垃圾产生量更大，应该逐步纳入市政处理范围，规范其垃圾处理方式。

(6) 提高节能意识。加大宣传力度，提高广大农民节能、节水、节地、节材、环境保护的“四节一环保”意识。在房屋建设及生活中逐步养成节约用水、节约用电的良好习惯。规范农村的建筑宅基地管理，减少占用耕地建设房屋，合理规划整村建筑用地。因地制宜，选择建筑材料，减少对环境的污染和破坏。结合民俗民情，制定合适的采暖方案，研制高效、节能，适合农村的采暖设备，并制定优惠政策加以推广，减少农村煤的用量；同时，要采取合理封闭措施，尤其是门、窗，减少不必要的热量浪费。

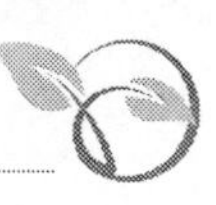

1.5 农村土木建筑保护任重道远

乡村建筑的发展、传承、创新和保护离不开国家的政策引导和经济支持，乡村建筑健康有序的发展是一个传承、发扬的过程，也是一个复杂、庞大、持久、系统的过程，它不仅需要当地人的积极配合，同时它也需要国家的统筹规划，需要国家根据不同地域、不同文化、不同习惯对建筑的形式和功能进行总体定位和把握。同时乡村建筑的发展和保护离不开政府的政策引导、法律支持、资金援助。我国是一个多民族、多文化的国家，文化异常丰富、精彩纷呈，各个地域有各自的特色。区域文化是区域乡村建筑赖以生存的源泉，在农村土木建筑中充分融入本地区的文化，深度挖掘本地域的特色、特点，有利于农村土木建筑健康有序的发展和对传统建筑的有效保护。通过将传统建筑纳入旅游业，从而使传统建筑发挥其经济价值是对传统建筑文化保护的重要策略，更能带动地方经济发展，提高居民收入。乡村建筑是特定时期、特定地域的人们生活、生产的产物。同时区域的环境、社会经济、风俗习惯以及宗教信仰等因素也制约着建筑的空间布局、造型特征、色彩质感、装饰风格等。因此建筑师在农村土木建筑的规划和设计过程中应注重对乡村人们生活方式的研究、提炼、把握与安排，并将此作为重要的设计环节，充分考虑乡村生活的多样性、差异性，创造适合人们生活的空间。在乡村应该加强对人们的文化教育和对传统乡村建筑保护知识的宣传，有利于传统文化的复苏，增强文化自信，有利于增强、加强人们对保护农村土木建筑的认识和意识，促进乡村建筑健康、有序的发展。农村土木建筑是区域文化的体现，是对历史的传承，乡村建筑应当传承和发扬传统农村土木建筑的优良特点，结合现代的生活方式与审美观念取长补短。充分融入文化的农村土木建筑才能够得以生生不息，这样才会改变当前乡村建筑风格千篇一律，建筑质量良莠不齐的现状，才能创造出良好的舒适的有质量的生活空间，才能使农村人民生活的更加安全、稳定、幸福。

农村土木建筑的发展是一个动态的变化过程，它是在变化和更新的过程中不断创新和发展的，地域文化也不仅具有一种固定的模式。对地域文化的发展应该保持创新意识，以保持农村土木建筑的民族魅力。农村建设不是盲目地仿古和怀旧，应该积极推动现代科学技术，注重吸收优秀传统文化，努力寻找传统文化和现代生活方式的结合点；不断探索现代与传统相结合的审美方式，加强与村民的交流，尽可能地保护村民的利益，为成功地促进农村土木建筑的进步和发展，总结出更为科学、更为宜人的现代农村建筑的建造方法，让农村在发展的同时留有自己的特色，使农村的历史文化得以传承。

2　农村土木建筑环境治理

随着我国农村经济的不断快速发展，农村环境的日益恶化和农业生态环境不断遭到破坏，已经成为制约我国社会主义新农村建设发展的重要因素之一。而作为社会主义新农村建设中一项重要的内容，农村土木建筑环境的治理显得尤为关键。

2.1　农村土木建筑与新农村绿色建筑

2.1.1　农村土木建筑

农村建筑是农村居民点的房屋和附属设施的总称。主要包括居住建筑、公共建筑和生产性建筑三大类。它们是农村居民组织家庭生活，开展公共活动，从事农业、工业、副业生产等的场所。由于社会制度、经济发展水平以及民族习惯的不同，农村建筑的内容和形式也有差异。农村土木建筑具体内容见表 2-1。

表 2-1　农村土木建筑分类

类别	居住建筑	公共建筑	生产性建筑
定义	农村居民组织家庭生活和从事家庭副业生产的场所	农村居民开展公共活动的场所，在组织、宣传、教育和服务群众等方面有重要作用	农村个体和集体劳动者从事农、工、副业生产活动的场所
种类	生活用房——卧室、堂屋（家庭共同活动的房间）、厨房、储藏间和卫生间等外，还应包括生产房间和辅助设施——饲养间、工副业加工间、仓库、暖房、能源和取水装置等	（1）行政管理建筑； （2）教育福利建筑； （3）文化科学建筑； （4）医疗卫生建筑； （5）商业服务建筑； （6）公用事业设施	（1）为发展现代化农、牧、渔业生产而建立的各种厂房设施； （2）为城市工、商、外贸等服务的加工厂
特点	随自然条件、建设材料、经济水平和风俗习惯等的不同而千差万别，因农村居民生产、生活基本要求的一致性而具有共同的特点	（1）综合性； （2）多功能性； （3）基地性	（1）分散性； （2）多功能性； （3）小型化

2.1.2　农村房屋修建标准的建立

农村房屋建设标准的建立，可以有效推进农村房屋建设标准化体系的改革和

发展，对于促进农村地区科学化管理，统一有效、协调进步起到良好的促进作用，对于保护农村生态环境、提高科学管理水平均有重要意义。

（1）结合农村实际情况，建立科学合理的房屋建设标准体系。整合资源、统一规划，从系统性方面考虑农村房屋修建问题，统一编制建设标准，按照不同气候条件和地理纬度位置，设置相应的使用准则。

（2）在制定标准的时候，必须考虑到房屋安全的级别划分，和强制规定因素。对于标准之外的地区差异协调性问题应结合地方性标准共同适用，前提是不得与统一的住房安全标准相冲突。在总结建设经验的基础上，针对突出问题，制定科学合理的农村住宅建设施工标准尤为重要。

（3）标准框架要求涉及房屋建设的质量、安全因素、功能设施、公共服务管理等因素，并细化标准。标准要求在农村房屋建设范围内作为普遍使用的标准值应用，并有共同的计量单位和标尺，有统一使用的符号和表达标准值等。

2.1.3 新农村绿色建筑建设

建设生态文明是关系人民福祉、关乎民族未来的大计，是实现“中国梦”的重要内容。其中农村土木建筑的绿色发展是建设社会主义新农村的重中之重。农村土木建筑环境治理的根本就在于绿色建筑的逐步实施与推广。

长期以来，受市场宣传的影响，人们普遍认为绿色建筑就是造价高昂的高档建筑、高建筑。实际上建筑的改建、扩建、重建都在绿色建筑范畴之内。除此之外，一部分人也认为，绿色建筑建设只是政府部门的职责，而实际上广大居民才是绿色建筑的实践者和受益者。真正的绿色建筑是指在建筑的全寿命周期内，最大限度地节约资源，包括节能、节地、节水、节材等，保护环境和减少污染，为人们提供健康、舒适和高效的使用空间，与自然和谐共生的建筑物。绿色建筑技术注重低耗、高效、经济、环保、集成与优化，是人与自然、现在与未来之间的利益共享，是可持续发展的建设手段。

（1）新农村绿色建筑建设的背景。2013 年，国务院办公厅转发国家发展改革委和住房城乡建设部《绿色建筑行动方案》（以下简称《方案》），《方案》提出，各级住房城乡建设、农业等部门要加强农村村庄建设整体规划管理，制定村镇绿色生态发展指导意见，编制农村住宅绿色建设和改造推广图集、村镇绿色建筑技术指南，免费提供技术服务。大力推广太阳能热利用、围护结构保温隔热、省柴节煤灶、节能炕等农房节能技术；切实推进生物质能利用，发展沼气开发利用，加强运行管理和维护服务，科学引导农房执行建筑节能标准。《方案》的提出意味着未来我国将从国家层面推行绿色建筑。

（2）新农村绿色建筑的概念。根据 2001 年建设部编制的《绿色生态住宅小区建设要点与技术导则》对绿色住宅概念的阐释，绿色住宅是以可持续发展战略为指导，在住宅的建设和使用过程中有效利用自然资源、高新技术成果和优秀住宅文化，使建筑物的资源消耗和对环境的污染降到最低限度的住宅，为住户营造舒适、优美、洁净的居住空间，以使其在优雅的环境与文明的住宅消费氛围中得到最大限度的满足的住宅。新农村绿色住宅应建立在此定义的基础之上，结合我国农村住宅建设的特殊性，通过多种途径，来改善农村居住环境，转变农村住宅技术含量低、投入高、资源消耗严重、对农村生态环境破坏严重的现状。

2.1.4 农村与社会主义新农村

农村是相对于城市的称谓，指农业区，有集镇、村落，以农业产业（自然经济和第一产业）为主，包括各种农场（包括畜牧和水产养殖场）、林场、园艺和蔬菜生产等。跟人口集中的城镇比较，农村地区人口呈散落居住。在进入工业化社会之前，大部分的人口居住在农村。社会主义新农村是中国经济增长、人民富裕、时代进步的结果。党的十六届五中全会提出建设“社会主义新农村”，是在新的历史背景中，在全新理念指导下的一次农村综合变革的新起点，必将极大地促进农村的建设和发展。

新农村建设是国家发展规划中的一项重要的决策，也是决定我国能否实现经济平衡发展的重要指标之一。根据农村环境问题的实际情况，要想使新农村建设实施真正落到实处，就必须先从新农村的环境综合治理入手，只有把新农村的环境问题解决了，才能促进其朝着预期的方向发展。农村与新农村的区别见表2-2。

表2-2 农村与社会主义新农村对比

类别	农　村	社会主义新农村
定义	农村具有特定的自然景观和社会经济条件，也称为乡村	社会主义新农村这一概念，早在20世纪50年代就提出过。20世纪80年代初，我国提出“小康社会”概念，其中建设社会主义新农村就是小康社会的重要内容之一
缺点	（1）建设分散且频繁，建造方式多为自建； （2）基础设施建设滞后，缺乏科学规划； （3）资源浪费现象严重，用能效率低下	—
优点	（1）空气清新； （2）少噪声； （3）低污染	（1）新房舍、新设施、新环境、新农民、新风尚； （2）生产发展、生活富裕、乡风文明、村容整洁、管理民主

2.2 农村土木建筑环境治理

农村建筑的环境保护工作主要集中在污水和生活垃圾的治理，生态策略要体现可持续发展原则，必须充分考虑资源与环境的承载能力，建立长远的发展观，

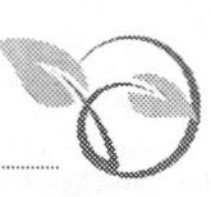

协调人、建筑、环境的关系，强调建筑与人文、环境及科技的和谐统一发展。应在农村建筑的整个生命周期（物料生产、建筑规划、设计、施工、运营维护及拆除过程）中，从生态的角度实现高效率地利用资源最低限度地影响环境。

农村建筑的生态理念应当从村庄建设发展和生态环境规划开始，以确保实现节约利用土地、改善农村生态环境、展现自然乡村景观、促进人文生态建设、合理配置各类设施的可持续发展目标。大力开展农村的环境保护工作是大势所趋、人心所向，是改变农村污染物无序排放现状、改善农民生活条件和建设社会主义新农村的需要。

农村建筑环境保护工作的生态策略的基本原则要体现可持续发展，在农村建筑全生命周期中尽量与自然环境和谐统一，强调建筑环境与自然环境的协调共存、有机结合，从源头上减少污染物的排放，体现出对自然资源的索取少、能源消耗小、对环境影响小、循环利用率高的新特征，实现人与生态的完美结合。此农村建筑应着重生态建设与规划设计的结合，从村庄选址、场地布局、道路交通、服务设施配套等村庄建设发展问题，和景观生态格局、生态环境修复、空气污染防治、绿地规划等生态环境规划中，体现出对自然资源的索取少、能源消耗小、对环境影响小、再生利用率高的新特征。

2.2.1 农村土木建筑垃圾

推进美丽乡村建设的一大难题就是农村的环境整治，包括废弃物治理、空中架线等。其中，建筑垃圾总量迅速提高，建筑垃圾治理已成为当前提升农村人居环境的艰巨挑战，亟须在新一轮美丽乡村建设中统筹谋划、科学治理。

2.2.1.1 废旧建筑材料

现代社会建筑物更新得越来越快，建筑拆迁形成了大量的废旧建筑材料，这些废旧建筑材料难以有效回收再利用，堆积在城市的角落中，或是被埋在地底下，由此引发了一系列的生态环境问题、土地占用问题、资源浪费问题。这些问题不仅影响了人们的正常生活，给人类的生活环境带来不良的后果，同时还造成了我国的能源浪费。在节能减排理念下，废旧建筑材料的回收与再利用，能够从源头上解决建筑过程中排放的气体问题，通过制定周密的回收与再利用废旧建筑材料的计划，能够有效地提高废旧建筑材料利用价值与使用率，使废旧建筑材料能够被有效运用，从而能够在一定程度上提升我国经济发展效益。

A 分类

（1）木材料。木材材料在很久以前就被广泛用于建筑材料中，经过时代的发展，木材材料形成了独具特色的发展风格，并在建筑材料中取得了一定的运用成效。木材材料最容易取材、运输方便、加工简单，能够任意的拆卸，其被规范的用于园林与房屋的建筑中。同时，木材材料的韧性大、强度高，其表面易于装饰与雕刻，适用范围较广，是建筑行业中不可或缺的一种材料。建筑拆迁过程中，木质的家具能够经过回收再雕刻改造成新的装饰图案，木材材料能够回收与再利用，其再用率较高。因此，木材材料具有再回收与运用价值，能够实现节能减排的成效。

（2）玻璃材料。玻璃材料是建筑中的重要材料之一，玻璃的主要成分是二氧化硅，具有隔音、透明性、保温、易清洗、耐腐蚀等特性，被广泛运用到建筑构造中。玻璃从前被用作采光材料，然而，随着信息技术的不断发展，提升了玻璃的装饰效果，使玻璃在建筑中的艺术效果不断增加。废旧的玻璃能够回收，可以运用其制造保温墙，还可以将其融合制作成玻璃马赛克，对建筑的外观进行再装饰。因此，玻璃材料同样具有可回收运用价值，能够实现节能减排的功效。

（3）混凝土材料。混凝土是由水、水泥、碎石、砂搅拌而成的，其成本较低、制作简单、取材容易，具有绝缘、防水、隔热、防辐射的作用。混凝土占废旧建筑的20%，具有可回收价值。使用过的混凝土会变得强硬，可以将其回收，用于铺路，也可以将混凝土制作成花盆等。因此，混凝土再回收与运用的价值非常高，将混凝土回收能够实现节能减排的效应。

B　废旧建筑材料再利用策略

（1）废旧木材材料的再利用。在节能减排理念下，建筑行业对拆迁的废旧建筑材料进行有效的再利用，对全球气候变暖，实现减排、节能、低耗具有重大的贡献。废旧建筑材料的循环利用中包含废旧的木材材料，木材材料具有较大的回收与再利用空间。在城市的建筑、家庭、学校、企业的建筑中，木材材料发挥着不可替代的作用。废旧木材材料的再利用方法如下。1）细木工板的制造。可以运用废旧建筑木材材料制造细木工板，作为建筑的装饰材料。在美国，对细木工板的研究较为透彻，在保障原木材等强度下，利用废旧建筑木材材料加工出精细木板的边角，且加工的木板边角强度较高，不容易裂开，在制作成本上也不高，特别适合废旧建筑材料的再利用，从而能够实现节能减排的功效。2）人造板的制作。运用废旧建筑木材材料，制作人造板具有良好的经济效益，其制作成本较低，从而能够实现节能减排的效益。利用废旧木材材料，及原木的比例为4∶1.8，因此能够节省大量的木材。3）可燃材料转换。将废旧建筑木材材料经过机械炉、土窑等设备转换为固体、气体、液体可燃材料，例如，木煤气、木炭等。4）复合材料加工，用废旧建筑木材材料制造生产木胶复合材料，制造成的木胶复合材料经济效益好、强度高，能够代替铺垫材料，能够用于汽车配件、窗框、地板等设施中。

（2）玻璃材料的再利用。节能减排理念下，利用废旧建筑玻璃材料能够降低生态问题，提高经济效益，对我国生态环境的保护、避免建筑资源与能源的浪

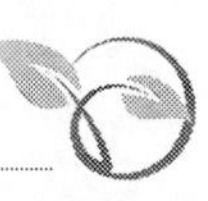

费具有促进作用，可以促进我国经济效益的提升，从而能够为社会经济发展节省能源。1）玻璃瓷砖。以废旧建筑玻璃材料、废旧陶瓷材料、黏土材料为原料，在1100℃烧制，能够制作成玻璃瓷砖，从而能够实现废旧建筑材料的再利用研究。废旧建筑玻璃材料，能够有效烧结，将烧制的温度降低，能够广泛运用到城市的道路铺设建筑中，防止雨水汇集，起到美化城市环境的作用，能够实现将废旧建筑材料变成宝的建筑目的。2）玻璃原料。将废旧建筑玻璃材料经过收集、分类以及处置，以这些废旧建筑玻璃材料为原料，运用到适合的建筑施工中，从而实现节能减排的目的。3）制作隔热、隔声材料。将废旧建筑玻璃材料经过加工其变成玻璃棉、泡沫玻璃，能够起到隔音、隔热的功效，从而能够实现废旧建筑材料的再利用成效。

（3）混凝土材料的再利用。现代社会建筑物更新得越来越快，建筑拆迁形成了大量的废旧建筑材料，必须对这些废旧建筑材料进行回收再利用。废旧建筑材料的堆积与不利用不仅影响了人们的正常生活，给人类的生活环境带来不良的后果，同时还造成了能源浪费。因此，应该有效地将废旧建筑混凝土材料再次回收与利用。1）胶凝材料的运用。对废旧建筑胶凝材料进行有效分化，能够制作成全新的骨料，对运用剩余的混凝土进行改良，能够有效降低骨料的制作成本，从而能够提高骨料制作的经济效益。据相关数据可知，运用胶凝材料制作骨料，其含量较为稳定、密度较高，从而能够实现节能减排的目的。2）原料的收集。将废旧建筑混凝土原材料打碎、烧制，能够再次利用，操作的方法较为简单，制作成本较低，较为符合当前我国混凝土材料的适应情况，从而能够提高社会经济效益。

2.2.1.2 规划与能力的缺陷

农村建筑垃圾来源包括农民翻建房、残存危房的拆除和改造、山区搬迁新建住房、清洁能源改造、农村房屋节能改造、农村基础设施建设维护和更新改造、厂房和车间拆迁、农业设施拆除、大量城区建筑垃圾偷运到农村以及自然灾害造成建筑物和设施的破坏等。

农村建筑垃圾堆积造成的问题是多样的。按照每万吨建筑垃圾至少占用 1 亩土地计算，北京市每年堆放新增建筑垃圾就要占用三四千亩宝贵的土地资源。农村建筑垃圾堆放地点分散，出现垃圾大坑，影响村容面貌，污染空气、土壤和水源，导致农村交通受阻，村民生活不便，观光休闲产业和乡村旅游业收入下降。

治理农村建筑垃圾主要存在以下困难：

一是从农村基础设施建设到建筑垃圾治理都缺少统筹规划。违建拆除、山区搬迁、管线管网建设等多头管理，垃圾的产生和治理混乱。农村建房、房屋改造缺少计划性，工程的随意性带来建筑垃圾堆放和倾倒的随意性。农村建筑垃圾治理缺少合理的规划，人力、物力和财力投入不够，建筑垃圾处理场和消纳场缺少、建设落地难。农村垃圾分类程度低，生活垃圾、生产垃圾、建筑垃圾等多种垃圾混杂，农村建筑垃圾材料与城区垃圾质和量都有很大不同，导致建筑垃圾收集、分类、运输、处理难。

二是建筑垃圾处理相关法规还不健全。建筑垃圾、土方在产生、运输、消纳过程中的各类违法违规行为依然存在，导致向农村倾倒垃圾的行为不可避免，为农村建筑垃圾治理的规范化增加了难度。

三是建筑垃圾治理能力普遍不足。北京市目前建筑垃圾资源化的比例不足5%，与市政府提出的“到2012年全市建筑垃圾资源化率达到40%、2015年达到80%、2020年基本实现原生垃圾零填埋”的目标相差甚远。各区城镇建筑垃圾消纳场落地难、垃圾处理企业吃不饱，深加工技术、设备和产品质量不过关，建筑垃圾处理利润低，垃圾处置费过低，政府优惠政策未落实等因素，使得建筑垃圾资源化处理极其艰难。

2.2.1.3 推进资源化利用

应对村庄环境生态治理提出垃圾收集清运的具体管理要求，农村建筑生活垃圾应及时收集、清运，保持村庄整洁，这些是针对生活垃圾处理的一般性要求，这样可以改善村庄普遍缺乏垃圾收集设施、垃圾随意弃置的现状。农村建筑垃圾治理不同于农村生活垃圾和生产垃圾治理，也不同于城区建筑垃圾治理。农村自身产生的建筑垃圾自己治理，农民更能接受，也有利于推进建筑垃圾的资源化利用，对此提出两方面建议：

首先，把农村建筑垃圾治理纳入“提升农村人居环境、推进美丽乡村建设”三年专项行动规划中。具体包括：各相关部门统筹规划农村基础设施建设和改造，从源头上减少建筑垃圾的产生；完善农村建筑垃圾治理的制度、法规和政策体系。尽快出台针对农村建筑垃圾处理的意见。统筹规划国土委、财政局、住建委、园林局、农委、水务等部门力量，提高建筑垃圾治理力度。在解决农村建筑垃圾堆放、收集、分类、运输和利用的过程中，务必充分考虑农民利益，结合美丽乡村建设，在垃圾处理费用和对农民的补贴政策等方面推动优惠政策落地。应尽快在土地使用、税收减免、信贷支持、电力优先等层面出台可操作的具体方案。以区或乡镇为单位，建立农村建筑垃圾的管理平台。乡镇、村两委要用制度来规范约束村民的行为，将农村建筑垃圾管理作为美丽乡村建设长效管理督查考核的重点内容，并将管理绩效与奖惩挂钩。

其次，建立农村乡镇建筑垃圾处理机制，进一步完善农村垃圾治理服务体系。农村建筑垃圾分类、收集、运输的任务非常艰巨。垃圾分类是基础，要在当地初步进行建筑垃圾分类，提高建筑垃圾就地使用效率。在此基础上根据农村村落分布的特点，相互临近的几个村建设一批小规模的建筑垃圾临时堆放场，或者由乡镇相关部门定期集中收集清运至异地的建筑垃圾处理场，相关设施应具有分拣、破碎、筛分、除尘等功能，并满足环保要求。此外，可把城市建筑垃圾的治理模式引入农村，确保农村建筑垃圾治理规范化、标准化，并在农村示范推广一批建筑垃圾再生产品利用工程。结合美丽乡村建设，将建筑垃圾再生产品用于填埋、铺路、建筑材料、特色装饰等。另外，农村的山间小道、院落、景点道路建设工程等受到工程招标和验收要求等的限制，一些部门和企业硬性规定必须使用水泥。对此应从节约资源、提升农村人居环境、推进美丽乡村建设的高度促使农村施工观念的改变。

2.2.2 建筑污水

目前，在我国大部分农村土木建筑对沟渠的污染主要表现为废渣、废液以及农村工厂建筑泄漏物等对水体造成的污染。

2.2.2.1 农村沟渠污染的治理情况

目前，我国农村在进行沟渠污染的治理时主要采用以下几种模式，虽然取得了一定的治污效果，但也存在一些问题和缺陷。具体体现在：

（1）清淤模式。这种治理方法是目前最为保守和简单的方法，其具体治理方法即为采用大型的挖掘机械将沟渠内的垃圾、污泥以及树枝杂物等进行打捞清理，并将其堆积在沟渠旁的空地上。这种方法多适用于污染较轻的沟渠。其优点是短期治污效果明显；缺点是效果持续性较差，容易出现再次污染，且需要大量的资金投入。

（2）清淤—冲洗模式。这种治理方法是在清淤模式的基础上改良而来的。其具体治理方法即为将沟渠内的各类污染物清理（方法同清淤模式相同）干净后，抽出沟渠内的全部原有污水，将其进行空地下渗、干渠稀释或农田浇灌等处理，而后注入干净的水体。清淤—冲洗模式较之单纯的清淤模式，其短期净化效果更为显著，且二次污染的时间有所延长，但并没有彻底解决。同时，一旦在冲洗时对污水处理不当，就容易造成其他地域环境的污染。

（3）清淤—冲洗—硬化模式。这种治理方法是在清淤—冲洗模式的基础上发展而来的。其具体治理方法为完成沟渠的清淤及冲洗工程后，用水泥将沟渠两岸的边坡进行硬化处理，使之形成梯形断面结构。这一方法的优点在于能够在一段时间内保持渠边坡上各类杂物的稳定性，避免其污染水体，延长沟渠二次污染的时间；缺点在于沟渠边坡硬化后，导致河岸原始表面封闭，割裂了水体同土壤的联系，导致沟渠内的生物及微生物同大地的接触隔绝，从而造成沟渠自净能力的下降，促使自然生态环境发生恶劣变化。

2.2.2.2 新农村建设背景下加强农村沟渠污染治理的措施

针对我国农村沟渠污染的治理现状，在新农村建设背景下，各地政府要狠抓落实，积极调整和创新治理模式，加强制度管理，提高全民环保意识，从而更好的治理和改善农村沟渠污染现状。具体措施如下：

（1）加强领导重视，提高农民环保意识。各地政府领导要加强对农村沟渠污染问题的关注和重视，充分认识到沟渠污染对农村经济以及新农村建设的危害性，加强对农村沟渠污染治理工作的政策支持和专项拨款；同时，还要积极组织相关部门深入基层针对沟渠污染的危害以及环境保护的重要性向广大农民群众进行全面、细致的宣传科普，使他们能够真正认识到沟渠污染的严重性，进而自发地参与到农村环保以及沟渠污染治理工作中来，提高整体农民的环境保护意识，积极开展新农村文明环保建设，从而更好地推动和帮助农村沟渠污染的治理工作。

（2）健全和完善环保法规制度。各地政府要在国家现行环境法律法规的指导下，结合当地农村实际，制定和完善具体的沟渠环境污染预防及治理制度，利用法律规章来规范和制约农民及乡镇企业的排污行为，从而达到环境治理和保护的目的。例如通过制定完善的排污收费制度，有效控制农村“三废”的排放量，从而实现在源头上减少和控制沟渠污染源的排放。

（3）积极创新治理模式。由于目前农村常用的三种沟渠污染治理模式都存在二次污染、资金投入大等问题，因此，各地政府在进行新时期的农村沟渠污染治理工作时，必须依靠现代科技力量，针对污染源及污染渠道，积极创新和研发新型的污染治理方法模式。人工曝气技术就是近些年新兴的沟渠污染治理模式。它的具体治理方法主要是通过对沟渠水体进行曝气充氧，使水体中的有机物分解、氧化成 NO_3^-、$Fe(OH)_3$ 等物质，在水底沉积物表层形成保护层，从而减少沟渠底泥的悬浮以及底层污染物的释放扩散，达到消除水体黑臭的效果，改善和恢复沟渠水体的自净能力，有效避免水体的二次污染问题。同时，这一治理模式对周围生态系统环境的影响较弱，生态风险较小，且资金投入相对降低，可减轻政府的财政负担，因此，具有更好的应用价值。

2.2.3 工业生产

（1）工业化生产造成的污染。随着新农村建设步伐的推进，越来越多的工业生产产业进入农村，如近几年来一些造纸厂、化工厂、冶炼厂不断涌入农村，这虽然大大带动了农村整体经济的发展，但同时对农村造成的环境污染也是十分严重的。这些生产厂家往往规模较小、设备较为落后，同时生产工艺也相对落后，对于污染源的治理更没有经验，因而造成了农村建设中诸多污染源不断排

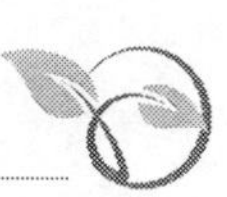

放，影响了新农村整体环境。另外，一些农村干部为了尽快搞活本土的经济，不惜充当污染企业的保护伞，这也是导致新农村环境污染愈演愈烈的直接原因。据相关的报道显示，随着新农村的发展与建设，最近几年被工业生产排放出的废弃物及污水占用和损毁的农田就有 14 万公顷，且有高达 544 万公顷的农田遭受到了不同程度的环境污染。据统计显示，近几年来，我国农村用污水浇灌的农田就占了全部农田数量的 8%。更直接的影响是因为农村环境的严重污染，导致我国农业每年都处于减产的状态下。2015 年一年，我国农业的直接损失就高达 100 多亿元。

（2）工业开发造成的污染。随着工业的发展，工业开发生产的力度逐渐从城市转移到了农村。开发煤矿、挖沙、砍树等一系列活动导致农村自然生态平衡遭到了严重的破坏。还有一些当地政府，为了达到经济快速增长的目的，不惜牺牲本土的自然生态环境来谋取利益。例如，近年对河流沙石的大量开采导致了地表水源的大量流失，直接影响了种植业的发展；另外，由于河流沙石的流失，使农村地区的草田越来越少。

（3）工业污染对策。改善新农村的环境污染问题，加快建设新农村的环境保护机构是十分必要的。首先，当地政府要加强环境保护机构的管理，健全环境保护机构的各项管理机制，增加环境保护的工作人员；同时，要定期将环境治理的信息发布到公众栏中，保证每一名农村人员都能够对环境保护工作有知情权；另外，要加大对环境治理的力度，对新农村建设中污染源排放超出规定范围的企业，执法部门要给予严肃处理，必要时要对其进行停业处置；除此之外，要加大对当地政府相关工作人员的考核力度，定期对政府相关人员治理环境污染的力度进行考评，激发工作人员的工作热情，从而达到新农村环境综合治理有效的目的。

2.2.4 农村建筑违章违建整治

受小城镇经济的快速发展和扩张以及经济利益等因素的影响，在诸暨农村出现了许多私人非法建房现象，屡禁不止，扰乱了正常的土地管理和建设秩序。如何有效预防和治理农村私人非法建房，成为基层国土所工作的重点和难点。

2.2.4.1 私人违章建房的主要原因

（1）经济发达，用地需求量大。以某地辖区内两个乡镇为例，两个镇各有不同的特色经济：甲镇以轻纺袜业为主，大部分以家庭作坊式进行生产，原有的住宅空间不够，需要拓展厂房；而乙镇是农业乡镇，发展特色农业，需要许多农业附属房。

（2）用地指标紧张。为节约用地，每年全市统一下发的建设留用和待置换地规划指标很少，其中，除去中大型企业工业用地，可供农村私人建房的用地指标已所剩无几，分到每个村只有一、二户家庭可以报批，形成了僧多粥少的局面。而按近几年的供地量状况，只能维持三到四年。

（3）外来人口租房需求量大。随着乡镇的发展和扩张，个体私营企业发展很快，面对大量外来劳动力的涌入，由于当地本来人口不多，空置房相对较少，导致出租房供不应求，客观上引起了当地农户为了房屋出租增收而违法搭建。

（4）住房困难户私自搭建。因为小城镇或新农村规划的需要，部分村落经过规划控制，私人建房审批困难，造成一些村民住房紧张，强制搭建住宅或附房的势头比较猛。

（5）一些村干部管理不力。现在村干部都是通过海选产生，为了自己的职位，对违章建筑睁一只眼闭一只眼，少数干部自身亲属也乱搭乱建，因此对违章建筑不愿管、不敢管。

（6）基层国土所监管困难。由于基层国土所人手紧张，个人负责片区很大且比较分散，日常工作占据了大量时间，动态巡查无法面面俱到，私人违法建筑搭建很快，而且许多是在自家的院子中搭建，只要群众不举报，很难发现违章建筑。

（7）行政处罚程序复杂，时间过长。按照行政处罚法的有关规定，一起违章建筑案件从立案、调查、告知、处罚到申请法院执行，直至拆除至少数月甚至一年以上。而小搭小建违法建筑只要短短 12 天时间就可搭成，而且即使被拆除对违法者来说也没有多大的经济损失，违法成本很轻，有的拆除后又继续搭建，致使违法建筑越拆越多，法不责众。

（8）法律赋予行政机关执行权力有限。法律赋予行政机关强制执行权有限，所以违法案件只有通过一般程序（即立案、调查、告知、处罚、申请法院执行等）的途径来解决。同时也没有其他行政强制措施（如传唤、拘留），致使老百姓不怕执法者，执法人员经常遭到围攻、殴打。

2.2.4.2 禁建区域

为了给居民营造优质的居住环境，近几年国家对农村的宅基地和自建房的管控越来越严格。2017 年，农村自建房的新政策已经出台，不仅对于农户自家建房，农村的房屋翻新也有了更加严格的标准，而且明文禁止农村的以下 6 个区域以后不允许再建造房屋。

（1）农用耕地。如今在农村，私自在自家耕地上自建房屋的现象越来越多，大多都是靠着公路两边的耕地建造房屋，导致农用耕地越来越少。保护耕地是国家一直倡导的政策方针，如今农村正在进行的土地确权工作更加体现国家保护耕地、重视耕地的决心和勇气。

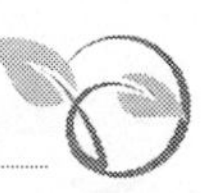

（2）自然环境保护区。国家一直比较关注与重视生态环境的保护，农村的生态保护尤为重要，这对于农民建设绿色家园也是一件不可多得的好事情，有利于农村的环境建设。

（3）居民饮水源保护区。农村建筑所产生的垃圾、灰尘、污水等造成了农村水沟以及地下水不同程度的污染，导致农民身体健康得不到保障。因此为了居民的饮水安全和水的可持续发展，国家明文禁止在农村居民饮水源保护区内建造房屋。

（4）历史文化保护区。一些农村具有悠久的历史文化，保留着大量的历史古建筑。这些被国家列为历史文化保护区的地方，严禁居民盖房。

（5）河道管理范围。在河道管理范围内严禁建设房屋，一方面是为了管理国家河道设施，另一方面也是为了保障农户的自身安全。河道周围存在一定的危险性，一旦出现大坝泄洪，房屋很可能被淹没或冲垮，居民的生命财产安全受到威胁。

（6）公路两侧。目前农村在公路两旁建设房子极为普遍。居民为了交通出行方便，都在道路两侧的耕地上盖房子，这样做一是影响了大家的交通，另外居住在道路两侧也不利于居民生活和人身安全。

2.2.4.3 建筑物拆除

最近这几年开始，农村的整体发展水平比起过去有了很大的提高。生活好了，人们对环境也有了更高的要求。因此，改善农村人居环境成了当务之急。农村环境整治被前所未有地重视起来。很多以前都没人管的乱象，如农村污水、生活垃圾等，现在都逐步得到治理。除了治理污水和垃圾等，为了进一步提升农村环境质量，改善农村村容村貌，各地还对村子里的一些建筑进行拆除，在消除安全隐患的同时，也给农村创造更好的环境。

未来几年，各地要对农村人居环境进行集中整治。农村里的以下建筑都要陆续进行拆除。

（1）农村危旧房。随着国家经济的增长，人民的生活水平不断提高，全国各地农村都有外出进城打工挣钱的居民，从而导致村中宅基地久置不住，在长期的无人管理、维修之下就会成为危旧房屋，有的会自然倒塌，有的成为安全隐患。另外，破旧不堪的房子、长期无人进入而杂草丛生的院子，非常影响农村的形象，并且，有的还在村里主干道边上，有碍村容村貌提升。

（2）农村废弃猪牛栏。以前农村有自己养猪、养牛的，现在养的人少了。一些农村，现在还有之前留下来的猪圈、牛栏，早已废弃，无人使用，现在也要全部拆掉。

（3）农村公共露天厕所、茅房。目前部分农村还有很多条件简陋的棚厕、土坑旱厕等，南方地区还有漏天粪缸。这些厕所，既达不到环境卫生要求，又会污染地下水、影响农村的形象。

（4）农村乱搭乱建、违章建筑。以前居民的房屋建筑比较简单随性，各自为主，村中房屋参差不齐，影响美观；现在必须经过审核批准后才能建房。由于农村人对规章制度了解甚少，就会出现随意搭棚，自建房子；在自家房子边上接着盖，私自在不能建房的区域，如高压线下，搭建房子等乱搭乱建、违章建筑等。

（5）农村非法违规商业广告、招牌等。现在农村有很多广告，最常见的是墙体刷的广告；除此之外，还有立在农村公路边上的大广告牌，这些广告有的是村民私自立的，用来出租挣钱。如果未经审批，就是违规的，要拆掉。由于农村经济发展越来越好，农村人居环境就会越来越被重视。农村非法违规的商业广告、招牌，现在各地已经陆续开始拆除了。

2.2.4.4 整治措施

从调查摸底和原因分析看，在今后一段时期内违法建筑将有上升趋势，因此整治违章建筑刻不容缓。遏制违章，既是一项“系统工程”，又是一项“实事工程”，需要立足长远，从政策上、管理上、制度上求得突破。

（1）强化法制宣传。土地是重要的生产资料，是人类赖以生存的基础。保护耕地、生态林地、湿地、自然保护区等重要土地资源，进一步巩固农用地资源的基础地位，落实最严格的耕地保护，特别是基本农田保护措施，是保障国家粮食生产安全的重要措施。因此，要在目前的基本农田、湿地等保护区公示的基础上，细化保护地之外的建设用地并用界桩公示，弥补基本农田湿地等保护区以村庄、马路为界的模糊界定方式。强化法制宣传，增强群众知法、懂法、守法的自觉性，增强广大群众对耕地保护工作重要性和土地危机感的认识。开展各种宣传活动：制作国土资源法律法规宣传展板；刷写永久性标语；发放各种宣传资料，如《中华人民共和国土地管理法》《国土资源法律宣传手册》《违反土地管理规定行处分办法（15 号）》《地质灾害防治条例防治手册》《国土资源法律法规汇编手册》等。通过形式各异的宣传，丰富宣传内容，拓宽宣传渠道，扩大宣传氛围，加大宣传力度。始终将宣传面向基层不留死角，深入到群众不走过场，提高广大人民群众法律意识和法制观念。使土地管理法律、法规深入到千家万户，达到家喻户晓、人人皆知，切实坚守 18 亿亩耕地红线不动摇的紧迫感和责任心，做到依法规范用地。

（2）完善集体土地利用的村民民主制度。目前，随着城镇建设的快速发展，受城镇的外延和扩张以及经济利益的驱动，集体土地违法交易和建筑不断蔓延，严重危害了广大群众的利益，扰乱了正常的土地管理和建设秩序，成为社会的一

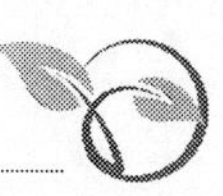

大公害，已成为群众投诉和信访的热点。

近年来，随着新农村建设力度不断加大、村民自治工作进程的加快，广大群众对集体土地利用的关注程度与日俱增，民主意识、法制意识不断增强，要求进一步扩大基层民主，参与集体土地利用的事务决策、管理的呼声越来越高。新的发展形势对基层民主建设提出了新的要求。然而，目前的土地利用大权一般掌握在由选举产生的村长手中，没有合理的监督机制，村长决策不代表村民意志，导致大量的投诉和信访。建议基层政府适应当前新农村建设的现实需要，顺应群众意愿，将集体土地利用纳入村民大会或者村民代表大会，让群众的事情群众决策，群众的利益群众监督，减少投诉和信访。

（3）加强动态巡查制度。要加强和完善动态巡回检查责任制，充分发挥基层综合执法队伍的力量，建立定期巡查和经常巡查相结合的工作责任制，建立责任到人、分工明确、相互协作、预防为主的巡回检查工作体系。要提高巡查频率、巡查密度，扩大巡查范围，使巡查工作纵向到底、横向到边，做到不留死角。基层综合执法人员要做到口勤、脚勤、手勤，积极开展巡查回头看措施，对继续抢建的违法建筑，要依法当即组织人员强制拆除，做到早发现、早制止、早处理，把违法行为消灭在萌芽之中。

（4）村私人建房“挂牌施工”措施。近年来，诸暨市国土局先后出台了一系列政策和措施，通过规范农村私人建房审批服务流程、下放审批权限、加强土管员业务水平等，使诸暨市的农村私人建房审批不断规范。但由于宅基地审批条件严、程序多、时间长、审批难，而批后管理相对比较薄弱，导致违章违法建筑不断产生。情况大致可分三大类：一是少批多建；二是批东建西；三是未批先建。其中前两类主要是批后失管造成的。目前，农村私人建房的批后管理是缺失的，选址不清、批东建西、放样不清、少批多建、层高不清、批三层建四层，导致发生土地纠纷信访。

为进一步加强农村私人建房用地管理，促进建房户依法用地，自觉接受社会和群众监督，减少违法用地和土地信访，其他市国土所在2009年开展农村私人建房“挂牌施工”试点工作。“挂牌施工”即对已经依法批准的私人建房用地项目核发包括用地批准单位、批准时间、批准文号、批准面积、四址范围、层次等内容的公示牌，农户在建房施工时应挂牌施工，接受群众和社会监督。选择辖区内信访矛盾少、新农村建设搞得较好、建房户基本集中在一个地块上的行政村2~3个作为试点，开展“挂牌施工”工作，目前，已取得了初步成效。

公示牌的设立就是对建设用地审批内容的公开，可从源头上遏制批少建多、未批先用等违法用地行为；有利于接受社会和群众的监督，增强土地管理工作的透明度和用地单位依法用地的意识；有利于保护土地使用权人的合法权益。以挂牌施工方式促进用地人依法使用土地，是加强建设用地批后监管的有益探索。

“一块地有没有批过、什么时间批的、四址到哪里”，公示牌上一目了然，使用地户不敢未批先建、批少用多、批东建西，也便于群众和土地动态巡查监督。

（5）城镇经济发展和规划同步制度。以某地为例，辖区内甲镇和乙镇正处在快速工业化和城镇化的发展阶段，资源、环境与发展的问题尤为突出，土地利用规划与一定地域的社会经济特点和发展阶段密切相关。针对目前私人非法建房的主要原因，搞好土地利用规划工作，充分发挥土地利用规划的调控作用。在企业大量建设的同时，应考虑外来人口的因素，要求劳动力密集型的大型企业建设配套高层职工宿舍，或由政府建立服务性集体宿舍，减少对周边农村的住房依赖性，可以在一定程度上减少农村非法建房问题。

农村土木环境治理是对国家政策方针的积极响应，良好的居住环境是建设社会主义新农村的必要条件。在农村建筑的整个生命周期（物料生产、建筑规划、设计、施工、运营维护及拆除过程）中，施工方应严格按照国家政策以及建筑标准，实施建筑垃圾资源化，减少建筑施工对环境的污染、保护居民的生活用水，降低建筑扬尘；加大农村绿化。各级政府应响应新农村建设的号召，落实国家对农村发展的政策方针。

3 农村土木建筑修缮

我国广大农村地区文化遗产数量众多，其中有一大部分为分布在村镇中具有鲜明地方特色的乡土建筑，这类乡土建筑又极具有鲜明的村落特色。然而，在传统村落的发展过程中，一方面城镇化进程导致具有地方特色的乡土建筑被破坏甚至消亡；另一方面，随着居民生活方式的现代化，地方特色乡土建筑被村民逐渐摒弃，村落的传统风貌也随之受到破坏。地方特色乡土建筑的脆弱和不可逆以及居民生活方式的改变迫使我们必须对其进行保护性的修缮改造。本章通过查阅相关资料，选取了一些具有地方代表性的修缮工程实例详细介绍农村土木建筑修缮的过程，以期使读者对农村土木建筑修缮能有一种更直观的印象，也为今后类似的修缮项目工程提供一定的借鉴与指导作用。

3.1 湖南郴州汝城县宗祠建筑修缮

宗祠，作为后人纪念先祖的祠堂，在中国农村中是一种独特的土木建筑形式，也是在农村中具有地方特色的乡土建筑。

3.1.1 宗祠建筑特征

3.1.1.1 建筑结构

祠堂展现的木结构的特点一目了然、十分真实。祠堂的平面由间构成单体建筑，十分规整，因此，祠堂的平面轮廓与结构布置都十分明确，只需观察柱的分布，就可大体知道祠堂室内布置及其上部结构的基本情况。汝城县的宗祠大多是由三开间组成的平面，其建筑平面为长方形。祠堂木构架结构表现为抬梁式或抬梁式和穿斗式结合。屋顶的角部采用顺梁、扒梁、抹角梁、角梁等不同的构件组成不同形式的屋角。门楼通过斗拱的组合分担屋顶的重量。祠堂内毫无保留地暴露出梁架、斗拱、柱子等木构架部件，结构的暴露其实对保护木构架是有利的，因为一方面可以改善木料的通风条件；另一方面便于发现受损情况，从而能及时加以维修。

范氏家庙拜殿抬梁式结构如图 3-1 所示。

3.1.1.2 建筑材料

土、木、砖、瓦、石为祠堂的主要建筑材料。祠堂木构架材料都要求选用木

图 3-1 范氏家庙拜殿抬梁式结构

材粗大、质地密实，这种木材不仅承重性好，可防虫蛀、鼠蚀，且能防火，不利于燃烧。汝城县境内的木材种类中，“苦褚树”和“西河木”基本上都具备上述特点，祠堂中的柱、梁大多以苦褚树为材料，澟和瓦梁则采用质地相对坚硬的“西河木”。砖一般用于铺地、砌筑台基与墙基等。石材作为祠堂建筑材料，主要用在具有一定象征性的构筑物，如进门前的堂前石狮、抱鼓石，另外用得较多的还包括踏步、台基和起结构作用的墙端、护角、腰线及部分堂柱的“柱脚”，作为祠堂内部的设施有香炉、神台和形式多样的各种柱的基础。瓦在祠堂建筑中非常讲究，因为能对祠堂进行装饰，祠堂门楼均采用色彩鲜艳的黄色琉璃瓦盖顶，大多数祠堂的檐口会使用酱色的水玻璃瓦。

3.1.1.3 建筑细部做法

门楼是祠堂外部美的主要体现。门楼的建筑构件和建筑形式是地位和声誉的象征，所以门楼的建造会尽可能做到完美。斗拱是祠堂木结构建筑的独特组成部分，它是祠堂屋顶和屋顶立面之间的过渡，它也被用作是严格等级的一种象征，是衡量封建社会建筑规模的尺度。装饰能够突出门楼的华丽。例如，使用不同内容的花卉、文字、彩色图案块来镶嵌正面，或使用六角形、八面和圆形花朵或彩色图案来装饰拱门，可使整个门楼建筑色彩丰富，进而展现出很高的观赏价值。

范氏家庙门楼如图 3-2 所示。

屋顶对祠堂立面起着重要的作用。伸出的屋檐，加上富有张力的檐口曲线，举架形成的稍有反曲的屋面，屋顶众多的变化形式，如硬山、歇山、庑殿等，再加上绚烂夺目的琉璃瓦，使得祠堂极具冲击性的视觉效果和艺术感染力。通过对屋顶的组合，即门楼两肩的风火山墙屋顶，门与楼的歇山顶、庑殿顶的结合再配以厅堂硬山的组合，又使得祠堂侧面轮廓变得愈加丰富和明晰。

范氏家庙屋脊如图 3-3 所示。

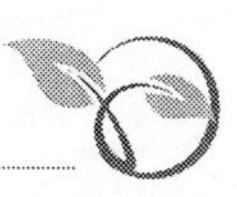

图 3-2 范氏家庙门楼

图 3-3 范氏家庙屋脊

作为建筑构件，石材主要用作祠堂台阶、平台保护、墙面保护、门厅装饰和庭院建筑。门墩也称为门枕石，是官方祠堂的主要组成部分之一，也是石头艺术的主要形式。它具有强烈的装饰功能，结合门梁上的木雕和绘画，汝城县玉堂门有方形门墩，以及狮子或鼓的圆门墩，象征着寺庙的雄伟。汝城县寺庙的支柱形式和风格各有差异，基部大多是正方形、六边形。广场由“杀角”组成，中间的几何图案装饰有各种花草图案，上部刻有莲花瓣，外形显得格外精致大方。

马头墙又称封火墙，汝城宗祠马头墙的造型与徽派建筑不同，甚至与湖南北部民居建筑也有明显的不同，它的马头墙表现出夸张的曲线形状以及强烈的运动感。飞角向人们展示了一种强烈的外向趋势，墙的倾斜角度仿佛飞轮在旋转，强烈张力产生的动态张力令人震惊。如图 3-4 所示。

天井是二进以上祠堂重要的附属建筑，位于祠堂二厅或二堂之间，是厅或堂连接的过渡建筑，作为宗祠采光、通风、排水的设施，这其中也包含一些风水的理念在内。天井的表面功能是通风、采光、排水，实际上它还蕴藏着人们精神上

图 3-4　李氏家庙马头墙

的需求，如蓄财养气，它既有审美的需要，也有迷信的成分，在建筑取材上全部采用上等的石料砌成。天井中央部分刻有与周边相对应的几何纹样，其大多为具有吉祥意义的高浮雕。

3.1.2　宗祠装饰艺术

汝城县的宗祠在建筑装饰艺术上十分讲究，“飞檐翘角、青砖灰瓦、雕梁画栋”基本可概括其整体建筑所展现的装饰艺术风格。汝城祠堂装饰可以概括为三个方面，即色彩装饰、雕刻装饰、绘画装饰。

3.1.2.1　色彩装饰

油彩最开始的作用是为了能让木结构防腐蚀防虫蛀，通过涂以植物质或矿物质颜料加以保护，后来才将其和美的艺术结合在一起。到了明清，色彩作为一种装饰艺术展现出的美已经在祠堂的装饰上变得不可或缺。唐代的祠堂大多用白墙、红柱，其斗拱绘有华丽的色块图案，屋顶则用灰瓦、黑瓦及少数琉璃瓦进行覆盖，而脊与瓦往往会采用不同的颜色进行区分，但到了宋元之后官方的祠堂开始逐步使用青色的石基，红色的柱梁、门窗，黄绿色的琉璃屋顶，并在檐下绘制出金碧交辉的彩画，展现出一定的阴影效果，讲究色彩的对比，创造出一种堂皇富丽、绚烂夺目的艺术效果，这种方法在元朝基本形成。在古代封建社会由于封建等级制度，色彩的使用实际上有着严格的限制，只有宫殿、坛庙和府学建筑才能用这种金碧辉煌的色彩，而一般民居住宅因受封建等级的限制，多采用青砖、灰瓦、白墙。祠堂，作为标志性建筑在色彩的运用却是例外，厅内饰以黑柱、红梁，檐口处以石绿、石蓝色为主色，形成精美雅致的风格，与民居住宅环境的氛围相协调。

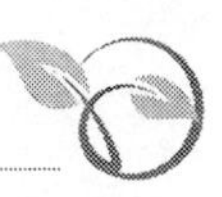

3.1.2.2 雕塑装饰

雕塑包括有木雕、石雕、泥雕等，在中国古建筑中的运用是非常普遍的，一方面有实际用途，另一方面也有装饰作用。汝城的宗祠建筑中，明代的雕刻装饰较为简朴，清代的雕饰较为烦琐，尽管装饰繁简不一但都展现出较高的艺术水准。

木雕中的“鸿门梁”工艺水准极高。它在汝城宗祠中的分量可谓是举足轻重，是体现其建筑层次的重要构件，家族为祠堂制作“鸿门梁”会不惜重金，聘请技艺高超的工匠，选定良辰吉日，举行传统仪式后进行雕刻，能工巧匠往往会倾注心血进行创作。汝城宗祠对梁架的雕塑也是很讲究的，“梁架”为上下双梁形式，呈工字结构，下梁主要是为了承担上梁的压力，中间的连接部分绘以祥龙、花草图案进行装饰。通常横梁上的图案根据形状涂上红色、绿色、黑色和白色，注重深度和颜色，颜色对比强烈；不装饰色彩，上乘材质，雕刻工艺，简洁大方。“神龛”位于大厅正墙的中央，用来陈设列祖列宗的牌位。“神龛”上方悬挂牌匾，所题之字均出自名家之手，饰以金粉，鲜彩夺目。匾框用阳雕手法饰以传统纹样，古朴雅致。“神龛”内格层层递进，整齐排列着先祖神位，外面的隔扇是雕刻绘画出彩的地方，表现内容包括“福、禄、寿、禧”“历史故事”“神话传说”“水花鸟”等。装饰图案包括“云纹”“龙纹”“回字纹”“缠枝纹”等。镂雕工艺极为考究，且展现强烈色彩对比，给人以祥和的氛围，主体图纹涂上金粉，尽显堂皇富丽的视觉效果。“户对”指的是摆放在门楣上或门楣双侧的木雕，短柱长一尺左右，为圆形，与地面平行，与门楣垂直，位于门户之上，取双数，有两个一对的，有四个两对的，所以称为“户对”。郴州汝城的宗祠正门门楣之上一般为两个一对的户对，有的雕龙刻凤，有的雕刻太极的图案，有的还有人物故事，雕刻有繁有简。在祠堂的隔扇门、窗上的雕刻题材更是丰富多彩，让人惊叹，动物、植物、各种形状的龙凤，惟妙惟肖。如图 3-5 所示为太保第拜殿内彩绘木雕。

图 3-5 太保第拜殿内彩绘木雕

汝城地处湖南省南部，气候温暖、空气潮湿，祠堂顶梁柱均由巨木制成，下面与地面相接的是木柱的基础，其除了承重抗压之外，还能防潮防朽。木柱的基础有圆形、六角型、八角形、上圆下方型等，图案有圆柱纹、莲花纹、卷草纹等传统纹饰，有些是动物的浅石雕，即便不用图案修饰，也会刻上精致的轮廓线。“角础”又称作转角石，主要是用来抵抗摩擦跟碰撞，因古代建筑墙体多为泥砖结构，转角处是比较容易损毁的。汝城的宗祠的转角石一般是青石，材质较坚硬。在其上雕刻着精美的图案纹饰，包括常见的花鸟、走兽、云水。宗祠的大门“门当”又称抱鼓石或门墩，其形状通常为鼓形（因鼓声宏阔威严、厉如雷霆，古人相信其能避邪），下有基础部分，用于固定门槛使之牢固稳实。与木雕之中的户对同时出现在祠堂内，是建筑上的一种和谐美的体现（这便是门当户对的成语的由来）。

汝城宗祠的封火墙当面及门、窗上端有的装饰有立体泥塑，多为戏剧人物的故事或者是吉祥图案，其大部分都涂上色彩，具有较强的视觉效果和较高的技术含量。

3.1.2.3　彩绘装饰

汝城的宗祠在彩绘装饰中常用的形式有三种，包含油彩画、水墨画、漆画。油彩画在祠堂彩绘装饰中出现的频率较多，从明清时期的祠堂中可以看出是一种盛行的装饰方式。在雕刻精美的梁架、雀替、隔扇等木雕上用青、绿、红、白、黑的油彩，分浓淡深浅绘制，使雕刻具有立体感和艺术效果。如以花卉为题材的花心面积大，花瓣青绿晕染相结合，颜色在对比中交织在一起，花纹结构有简有繁，彼此参差变化，除此外也有用山水人物故事、草虫鱼兽以及吉祥图案的。这些画与生活品质及环境密切相连，与厅内的陈设相衬托，形成了汝城宗祠鲜明的独特艺术风格。

紫薇堂神龛内彩绘雕刻如图 3-6 所示。

图 3-6　紫薇堂神龛内彩绘雕刻

水墨画在汝城宗祠内也有单幅画的表现形式，其画的轮廓有条幅、斗方、扇面、圆与半圆等，以山水、花鸟、人物故事为题材，用浓、淡、干、湿、焦的墨色为主，采用半工半意的绘画手法，着色以赭石、花青为主，形成清新脱俗的格调。

漆画一般出现在正门处，高大宽厚的木门以黑色漆（又称国漆）为底，左右两门绘制门神，门神又分为文臣、武将，文臣显得睿智，武将展现威猛。漆画用棉花、石灰拌上桐油捻成细长的绳形轮廓，形成有力的线条，像极了浮雕的效果。

3.1.3　宗祠修缮的意义

宗祠在今天的文化价值主要表现在：一是文物价值。宗祠建筑现存至此的虽历经劫难造成一定程度损毁，但仍散藏着不少碑、匾、柱联、祭器等，大都可称为文物。二是艺术、科学价值。旧祠堂是民间建筑艺术和各种工艺艺术的标本，建筑形式及其墙面壁画等都体现出高超的建筑技艺、精美的雕刻艺术和壁画艺术。作为中国民间保存的一种被忽视的古建筑群体，祠堂留给后人许多宝贵的历史、文化研究价值，还是研究地方姓氏、人口迁移、历史文化、地方风俗的重要载体。三是能在一定范围内促进社会发展。由于社会环境的历史变迁，当前的宗族文化与传统的宗族文化有很大的不同，但其活动仍然具有农村经济社会发展不可忽视的影响。农村处于社会力量的底层，监督成本过高，容易使腐败滋生和蔓延。在这种外部环境中，宗族势力无疑在保护宗族方面发挥了独特的作用。因此，在当前中国农村社区不发达、社会公共机构缺乏活力的现状下，合理发挥宗族文化活动的作用，在一定程度能间接推进农村社区民主化进程。四是旅游价值。郴州汝城县的宗祠建筑精美、设施齐全、祠藏丰富、保护较好，是乡土建筑之精品，能够带动当地的经济发展。

宗祠不仅是乡土建筑的一部分，还蕴含着宝贵的历史文化。首先，宗祠建筑是古代民间公共建筑的重要类型；其次，宗祠建筑是乡村民众文化的一颗活化石。结合考古学、历史学、民俗学、建筑艺术学等不同学科，对宗祠建筑进行深入全面的研究与阐释，提取出蕴含在其中的优秀传统文化，使之成为我们建设当代先进文化和构筑中华民族共有精神家园的重要资源，对它们采取保护并进行修缮是当务之急。

3.1.4　宗祠建筑的修缮

古建专家梁思成先生在古建修缮上曾提出“修旧如旧”，对此在实际的工程学中往往有着不同的理解和引申的含义，从而导致不同的维修原则和方法。“修旧如旧”的原则，关键在“旧”字上。“旧”并非指狭义的旧，所以不能片面地理解为表面上的陈旧破败，而且还应有更加深层的理解，它代表了古代建筑具有的各方面的历史价值，正如《雅典宪章》指出的“保护文物，就是要保护那些饱含着千百年历史信息的历史见证”。维修古代建筑，就是要让这些历史见证不致损毁，应把“修旧如旧”理解为：在对古代建筑的维修过程中，尽量保存那些含有历史科学、艺术价值的成分，并使它们在维修前后不发生任何改变。祠堂建筑在修缮上更是不能例外。

首先，农村宗祠建筑的修缮工作必须由当地文化行政部门进行修缮和指导。文化行政管理部门应当宣传文物保护法的指导原则，让公众认识到保存祖先留下的建筑的重要性，从而更好地做好修缮工作。保护作品，以重现传统宗祠建筑的庄重的美感，应使得宗祠建筑继续发挥其功能和象征意义，并继续在当地文化和人民生活的发展中发挥其不可或缺的作用。其次，文物保护中心、古建筑研究所、文物考古研究所等有条件的文物保护机构，应承担修复设计任务，在改造前做好科研工作，挖掘出文物建筑的内涵；在修复过程中继续保留原建筑的风格、特色、结构、材料和原创的工艺。再次组建专业团队制定相应的政策法规。专业团队直接参与对文物建筑的实地勘察，在查阅有关史料工作后，做出设计并完善修缮方案，这样才能使文物建筑在形式、风格、结构、手法等方面的大量历史信息尽可能地保存下来。文物部门参与设计和修缮施工工程，是对古代建筑的科学考证与研究的过程，落实到修缮时，是了解掌握建筑特点、营造手法、年代特征的最好时机，也是对古代建筑深入研究、掌握第一手实物资料的一种科学手段。

随着时代的变迁，祠堂在不同时代背景下，在人为作用后会出现破坏的情况。风雨侵蚀、阳光照射、鸟兽虫蚁无时不在对祠堂建筑构成破坏，修缮就是延续祠堂活力的一个重要手段。汝城县宗祠中常见的破坏有柱子出现劈裂、糟朽现象；大木构架中梁、枋、桁等受弯构件出现弯曲、裂缝、断裂等现象；由于环境的变化和彩画本身的结构老化、材质老化，以及人为破坏等因素，造成彩画空膨脱落、褪色等。具体的修缮方案如下：

（1）基础的加固。基础的破坏是木构建筑最大的危险，对于地下水位变化使木桩腐烂，局部地下出现下沉和开裂，整体地基变动等造成基础破坏，加固基础的方法包括打桩法、化学灌浆法、局部顶升法、外围加固法和上部卸重法等。

（2）墙体与柱体的修缮。1）墙体。其最常见的破坏是裂缝和倾斜，常见的原因有基础下沉变化、上部构件变化、地震、风力作用、雷电的破坏、施工误差、表面龟裂等。修缮的办法通常有压浆补裂、加固扶正、顶升搬移、整体加固、支撑法等。2）柱体。柱子受潮或屋顶荷载的影响，往往会有劈裂、糟朽现象，对于壁裂的处理，常用嵌补法，如果裂缝宽度不超过 3mm，可补腻子后进行

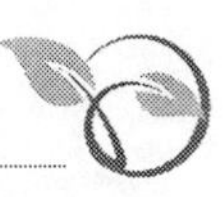

表面修饰，并与原木纹相符；如果裂缝宽度在3~30mm之间，用同种木质嵌补后进行表面修补，并与原木纹相符；如果裂缝宽度超30mm，采用嵌补加箍法。根据糟朽的程度，可使用不同的加固方法，如巴掌榫、抄手榫、螳螂头榫和垫墩等方法；当糟朽不能承重时，就要考虑换柱了，通常采用的方法是“打牮拨正”，就是用简立牮件顶住梁架，以升高梁位来更换和扶正柱子。

（3）大木构架的修缮。大木构架主要承受屋顶的重量，随着时间的流逝，大木构架可能受到各种外部因素的影响，承载能力逐渐减退，当荷载超过梁架本身的允许荷载时，大木构架就会发生形变甚至遭到破坏。大木构架间通常采用卯榫结合的方式，随着时间的推移，大木构架往往会出现壁裂，歪闪、脱榫、滚动等现象，这个时候就需整体加固。常用方法包括加钉法、螺栓加固法、加箍法、拉杆法、附加梁板法、加位板法和附加断面法等。而大木构架中梁、枋、桁等受弯构件，随着年久漏修、风化、虫蛀或荷载加大等原因，也会出现弯曲、裂缝、断裂等现象，当下弯超过长度的1/200左右时需作加固处理，常用的加固方法有化学灌浆法、加箍法、托钢法、钢加固法等。

（4）斗拱的修缮。斗拱构件数量众多，结构也比较复杂。斗拱由于受外力作用不均容易发生位移，从而引起变形，通常会出现缺口挤裂、榫头折断和斗耳断落、小斗滑脱等现象。另外，由于木料本身涨湿干缩的特性，各个方向受力不匀会发生裂纹，断裂现象比较普遍。修缮斗拱的原则是尽量“保持现状”，对于劈裂成两半的构件，粘牢可使用的则继续使用，断落的斗耳应按原样补上。而当需要整攒更换时，一定要先整攒拆下，逐个编号，以免混淆，做还原图，然后根据图形修复更换。

（5）彩画的修缮。彩画是中华木结构建筑装饰的重要部分，由于环境的变化和彩画本身的结构老化、材质老化，以及人为破坏等因素，会造成彩画空膨脱落、泥层酥减、脱胶、发雾、变色、褪色等，根据破坏程度可分现场彩画保护，彩画迁移保护和彩画迁移复原保护。彩画修复实际上是一种高技术、高难度的工作，需要对当时的彩画工艺技术先进行探究，进行充分的可行性讨论后再作出修复方案。迁移修复的一般工艺过程为彩画的揭取（分块揭取）—底层补作—粘结彩画—修复复原，当然在整个过程中，工序是复杂的，需要细致的工作才能完成。

（6）装修装饰的修缮。对传统木结构建筑，通常把门、窗、格扇等修缮通称为装修，可分为内檐装修和外檐装修，装修属小木构件的制作，主要以榫卯结构为主。由于年代的变迁、环境的作用、使用的程度，或多或少都会造成装修构件脱榫、脱落、松动、损坏等。由于各个时期装修装饰的纹样都不一样，所以进行装修的修缮维护过程中，首先要对装修装饰的纹样充分考证，进行修缮设计图纸的绘制，而后再进行修缮。而对于松动、脱落的构件，可以原地加固就原地加固，方法可以是钉结构加固、附加夹板加固、铁件加固、螺栓加固等。

3.2 岭南碉楼式建筑修缮

作为防卫建筑而存在的碉楼式建筑，是珠三角地区，尤其是岭南侨乡地区发展史的重要载体，对延续岭南地区历史脉络起到重要的作用，也是颇具岭南地方特色的乡土建筑。

3.2.1 岭南碉楼式建筑修缮原则

（1）不改变文物原状原则。文物古迹的原状是其价值的载体，不改变文物古迹的原状是文物古迹保护的基础，同时也是其他原则的基础。简言之，即恢复文物原状、保存文物现状。很多文物建筑经历过不同时期多次的修缮，甚至改动，很难分辨哪个才是原状。罗哲文先生认为："建筑最初建成时的面貌，就是它的原状。如果后来经过修改，就不能算是原状。"文物是历史的产物，它反映了历史的真实情况。只有原始的文物状态才是最有价值的。保持现状是当现状尚未得到验证或难以验证当前技术时采取的保护原则。保持现状是为了保持进一步研究的条件，并在找到足够的证据后恢复文物建筑的原始状态。保持现状是保留具有价值的部分，而不是原始的，未被认识的，或者是后添加的和其他对文物的原始状态和安全有害的部分，这部分不仅不用保存，还必须拆除和清理。保护现状原则在保护文物时，评估建筑物各部分的价值是至关重要的一步。

（2）"四保存"原则。"四保存"原则，是在维修文物建筑工程中，就如何保存文物的原有价值提出的，包含以下四点：第一，保留原始的建筑形式。建筑形式包括建筑的原始布局、建筑风格。它不仅反映了建筑功能、建筑系统，还反映了特定时期的历史阶段的社会背景和民族文化。文物和历史信息是相互依存的。改变建筑物的形状，会导致不能从建筑实体中识别和确认历史信息，从而降低文物建筑的历史和艺术价值，间接导致一些无法识别的历史信息逐渐丧失。第二，保存原有的建筑结构。建筑结构主要反映了施工期间的科技发展水平，是建筑技术发展的标志。在维护过程中如果改变建筑物的原始结构，将降低遗产文物建筑的科学价值。第三，保存原始建筑材料。在修复过程中，必须保留文物的原始组成部分。倘若必须更换原始组件，必须根据原材料的类型和规格进行更换。建筑材料与建筑结构和建筑艺术之间的关系是不可分割的。由于结构和形状的不同，所需的材料也不同。随着建筑技术的发展，建筑结构的变化、材料的要求和使用方式也在不断更新。材料的变化和更新反映了建筑结构和建筑艺术的进步。由于不同地区的环境不同，建筑材料和建筑师在材料使用方面存在较大差异。这些差异构成了每个地区的建筑特征。第四，保存原有的工艺技术。传统工艺是传统文化的体现，工艺的保存可以使与之相关的文化传统得到保护和传承。传统工

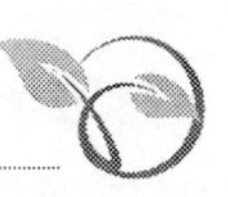

艺在建筑物的结构安全中也发挥着重要作用。大量事物表明，传统工艺技术的有效性和耐用性不亚于现代先进技术。传统工艺是前人长期总结形成的一种技术，是一个经受住了考验的过程，是最适应当地技术的过程。

（3）整体性原则。整体性原则，是指修复、补缺部分要跟原有部分形成整体，保持外观上的和谐一致，有助于恢复，而不是降低它的艺术和信息价值。

（4）可识别性原则。可识别性原则意味着修复和修复的部件必须与原始部件不同，使人们能够识别哪些是修复的，哪些是现代的痕迹，以及哪些是过去的痕迹，从而保留历史建筑的历史可读性和历史、艺术见证的真实性。在实际的项目实施中，可以采用以下方法：第一，新组件采用不同的材料，颜色和工艺，突出了与原始组件的区别。第二，新组件使用与原始组件相同的材料和工艺，但颜色不同。第三，标记在隐藏部件中安装新部件的时间和材料。在修复和修复的设计中，应尽可能使用原始形式、材料和施工技术，即采用第二、三种方式，在色差和质感上稍作区分，远看一体，近看有别，从而实现可识别性与整体协调的统一。

（5）可逆性原则。可逆性原则是指使用适当的保护技术恢复和保护文物。保护文物的技术措施不能阻止今后进一步保护文物。使用保护措施时，应尽可能采用可逆措施。例如，未来科学发展将推动技术创新，有必要采用新技术，撤销适用于文物古迹的旧技术措施，最大限度地减少文物的损失及其价值。在修复文物时，新增的部件应易于拆卸，在拆卸过程中不会影响建筑物的安全。遗产建筑是历史的产物，是使用其历史舞台上的发达技术建造的。在随后的维修中，文物保护也采用了满足修缮需求的技术。在历史的见证下，早期的建筑和修复技术逐渐发展成为一个成熟的技术体系，它将文物和建筑物的重要信息在早期和发展阶段结合起来，成为非物质的一个重要载体。这种传统的技术体系应该受到保护和传承，传统技术应该优先考虑文物的修复。在不得不使用新技术的前提下，考虑到文物的不可再生性，为了保护文物历史的价值，必须在现场对新技术进行测试和定期测试，以确保对文物古迹无害。在使用新技术、材料和方法修复文物时，应尽量减少使用水泥等这类不可逆材料。

（6）最小干预原则。最小干预原则意味着在修复过程中，只对文物进行必要的保护和加固措施，以最大限度地保护文物的真实性。从另一个角度来看，保护和修复文物古迹的行为是对文物古迹发展的干预，是对自然状态的一种改变。因此，在最大限度地保护文物古迹现状、防止进一步破坏的前提下，有必要对文物古迹采取适当的保护措施。文物的干预保护首先要保证文物古迹的安全，这是大前提，避免过度干预，影响文物和历史文化信息的保护。文物古迹和历史遗迹是历史文化的遗迹。经过多年的洗礼，它们需要不断的维护。每个阶段的保护措施都需要为将来采用的新技术留出足够的空间。在短期内，没有重大的危险和文

化损害，应采取保守措施进行日常维护，避免更多干预；在必须进行干预的情况下，仅在最必要的部分进行干预。

在日常实际修缮过程中，需满足以下要求：尽可能延续文物古迹现存的状态，保留建筑的历史痕迹。在满足使用要求和现行规范的条件下，破损的部位经过维修处理后能继续使用的，应将其保留并继续使用；更换破损部分是鉴于结构安全受到威胁的情况下，才予以考虑。而在多种处理方式可供选择的情况下，首先要确保处理的效果，再选用干预度最小的措施。

此外，在文物修复和恢复之前，应注意对建筑物的详细调查，包括全面了解建筑物的现状和历史情况，还需要详细了解建筑施工期间的施工技术和相关工艺，并进行书面记录和拍照。在建筑保护和修缮工程的过程中，应尽可能使用传统技术，以确保历史信息的真实性。如果采用传统的技术进行施工不能得到应有的效果，则必须保留传统建筑技术的书面记录，这是保护建筑物附属的非物质文化遗产的必要条件。

3.2.2 岭南碉楼式建筑楼面、地面及屋面修缮

3.2.2.1 底层地面的修缮

A 室内底层地面

室内底层地面指建筑物底层房间的室内地面，其作用是承载底层地面全部荷载，并传到地面以下的土层。其构造从上至下一般分为面层、垫层和基层三部分。面层主要作用是保护结构层与装饰室内。岭南近代碉楼式建筑的室内地面面层做法常见为水泥砂浆光面、黏土大阶砖（图 3-7）、水泥花阶砖等，少数为夯土地面。

图 3-7 黏土大阶砖面层

垫层是基层和面层之间的填充层，其作用是承重并把面层的荷载传递到基

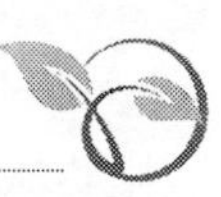

层，在碉楼中，主要采用刚性和非刚性这两种材料。刚性材料的垫层大多为100~120mm厚的素混凝土。其特点是整体刚性大，不易产生变形，但耐湿性差。大部分为水泥砂浆或水泥花砖地板，柔性材料垫。这些层主要是松散的材料，使得层内的孔隙较大，如粗砂、碎石、碎砖、矿渣等。如果紧凑度不够，施力后容易变形，但耐湿性好，表层多为黏土质大型地板砖。基层即建筑的地基，多数为素土夯实，部分荷载较大的碉楼会采用夯实的三七灰土或混凝土。

B　底层地面的损坏现状及原因

碉楼建筑底层地面的损坏现状主要表现在地面局部下陷，无论是水泥砂浆面层还是黏土大阶砖面层都出现裂缝。地面损坏的原因主要是：（1）基础不均匀沉降，导致建筑局部下沉；（2）地面垫层密实度不够，地面局部下沉；（3）温湿度的变化，地面材料热胀冷缩导致开裂；（4）长时间使用。

C　底层地面的修缮措施

底层地面如果没有出现下沉或只有轻微下陷，则只需修补面层裂缝即可，必要时更换碎裂的面层材料；如果地面严重下沉，首先要清除受损的表面材料，并对不同的结构层采取不同的修复措施。对于基础的修复，主要是重新压实，使用人工或小型设备压实原始土壤或加入回填，紧凑度可以达到90%多。碉楼的垫层通常由普通混凝土垫层和三合土垫层制成。混凝土垫层为100mm厚C10素混凝土；三合土垫层是石灰、碎砖和砂子的混合物，并适当添加防火材料，如炉渣和木炭。表层材料是水泥砂浆的地面，可根据地面的下沉情况修复裂缝或整体重新加工。修复水泥砂浆裂缝一般可以采用1∶2水泥砂浆修复。如果地面下沉严重，此时则需要拆除原有的水泥砂浆表层，修复基层和垫层并重做，先在垫层上做15~20mm厚1∶3水泥砂平整，再用20mm厚1∶2水泥砂抹平压光。当黏土大块砖表面层缺失或损坏时，可首先在垫层上铺设30mm厚的粗砂，并覆盖规格相同的大型砖，用水泥砂浆填缝。

3.2.2.2　楼板的修缮

碉楼的各层楼板按结构形式可以分为木楼板与钢筋混凝土楼板两种类型，两种结构形式都由结构层与面层组成。木楼板结构的楼面一般用木梁承托木板条结构，部分碉楼直接用木板条作为面层，还有部分是木板条上铺黏土大阶砖做面层。钢筋混凝土结构的楼面采用钢筋混凝土梁、钢梁、木梁三种，梁上捣制钢筋混凝土板，面层多为水泥砂浆压光、黏土大阶砖和水泥花阶砖三种。

A　木楼板的修缮

木材是中国传统建筑中常用的一种建筑材料。它具有材料取用方便、重量轻、易于加工和更换的优点。因此，一些碉楼使用木结构作为地板形式。然而，木地板具有易受虫蛀、易腐烂、易着火的缺点，因此木结构经常会有一定的损坏。

木楼板的破坏主要表现为白蚁侵蚀、受潮腐蚀、木材开裂、木材变形和木材缺失。造成损害的主要原因是自然因素和人为因素。自然因素主要包括木材成分在潮湿的气候下易于腐烂，而温暖潮湿的气候容易滋生虫蚁，导致虫蚁侵蚀木料成分；人为因素是长期空置不用，平时不注意维护或超载，有些是由意外火灾引起的。

木楼板的修缮主要是解决木材腐烂和缺乏的问题，同时也有必要对木材进行预处理，进而延长木材的使用寿命。木梁的修复主要通过整体更换或修补加固来进行。碉楼中的大多数木板都是40~45cm厚的杉木。用相同尺寸的杉木取代严重腐烂和损坏的板条，板条缝合或拼接在一起，板条受到轻微损坏应清洁腐烂部位。一些碉楼的木楼板铺有大型黏土砖。由于木板结构具有相对高的弹性，阶梯砖更容易破裂。在修复中，应在掉破碎的阶梯砖后，首先铺设20mm层厚的草灰，再铺同等级的砖块，用石灰膏糊缝。

B　钢筋混凝土楼板的修缮

钢筋混凝土板具有高强度、坚固、耐腐蚀和不易变形的特点，因此普遍用于近代碉楼建筑中。钢筋混凝土板的破坏现状主要包括混凝土老化，保护层剥落；楼板裂缝；钢筋外露生锈；楼板变形。造成破坏的主要原因是：近代碉楼建筑建造接近100年，混凝土使用时长已经接近使用年限的要求，因此强度降低，导致保护层局部剥落；由于温度变化，混凝土发生热膨胀和收缩，温度应力大于混凝土的抗弯强度，引起裂缝；在当年的技术水平中，楼板的四个角的面筋布置缺少附加筋（放射筋），并且板的负弯矩产生45°的板面裂缝，这种损坏发生在楼板建筑中；由于裂缝引起的渗水导致钢筋生锈和膨胀，导致混凝土保护层剥落；也有由于天然因素（木梁腐烂，钢梁锈蚀）和人工因素，楼板产生结构变形的情况。

在修缮中，对于钢筋混凝土楼板损坏的现状，主要措施有锈蚀钢筋的修复、裂缝修复以及由于钢筋混凝土板的承载能力降低的结构加固。如果钢筋破损或缺失，此时应使用植筋胶处理。对于钢筋腐蚀的混凝土构件，通常采用以下的方法修复和加固：去除混凝土表面的所有砂浆层，去除露出的钢筋表面松动，取出钢筋，用高压水冲洗或用喷砂清理表面；钢表面涂刷渗透剂（红丹），旧砼体涂界面剂，砼表面采用改性聚合物砂浆拼接封口。

钢筋锈蚀修缮施工过程如图3-8所示。

对于钢筋混凝土板裂缝的修复，通常采用开槽灌浆方法。首先，去除裂缝周围的老化松散岩渣，沿裂缝方向切割槽宽约50mm的V形槽。清洁表面石灰砂后，用AB胶将槽口封闭。同时，隔一段距离预埋注射器（约50cm），将环氧聚合物砂浆倒入注射器中并固化2~3天。在环氧聚合物砂浆干燥后，对表面打磨平整使表面平滑。当楼板的损坏影响混凝土结构的稳定性时，有必要考虑采用结

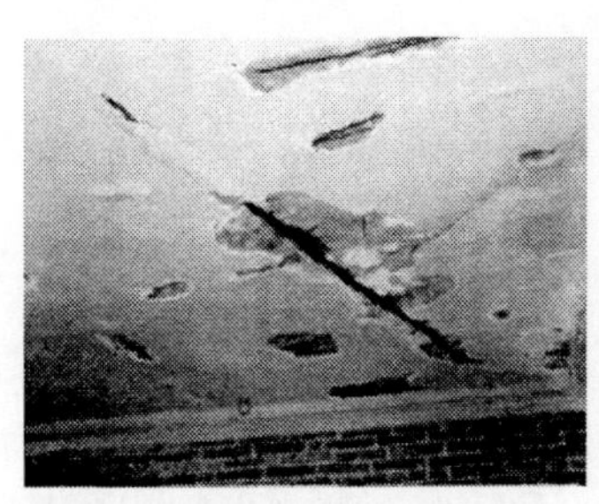
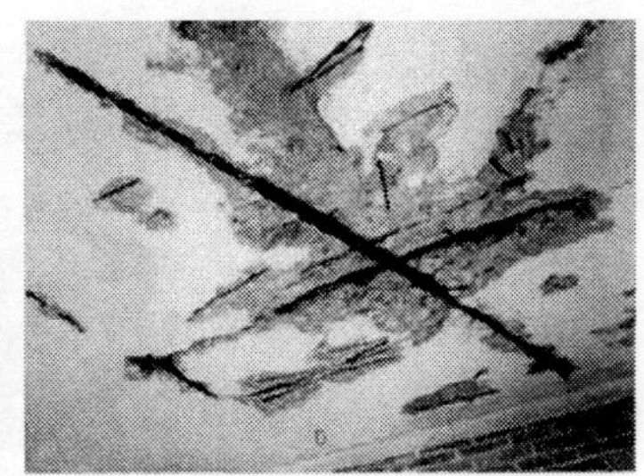

图 3-8　钢筋锈蚀修缮施工过程

构加固方法处理混凝土结构。以下方法通常用于加固补强：对于梁，钢被包裹在构件的拐角处，使用预应力加强件，此时钢板被加强，并且增加了支点加强件。对于板，除增加工字梁支撑，也可以使用固定的碳纤维布进行加固的方法。碳纤维增强材料通过黏合剂将碳纤维材料完全渗透和固化，完全黏结并固定在混凝土表面上，形成非常坚韧的复合层，从而增强钢筋混凝土的强度。待加固的混凝土的强度不应低于 C15。在修复楼板裂缝后，沿裂缝粘贴碳纤维布，横向宽度为 400mm，纵向宽度为 200mm。在粘贴碳纤维布时，拐角处表面的曲率半径应大于 20mm；碳纤维布沿板底部的纵向和横向连续排列，条带重叠长度为 200mm，条带的重叠位置应相互错开；粘贴碳纤维布之后，表面层按原样进行修复。

碳纤维布加固混凝土结构如图 3-9 所示。

图 3-9　碳纤维布加固混凝土结构

3.2.2.3　屋面的修缮

碉楼式建筑屋面形式有钢筋混凝土平屋面和木桁条铺瓦坡屋面两种，因日久失修，多数出现漏水现象。

A 平屋面的修缮

平屋面的破坏主要体现在屋面的裂缝，缺少防水层和排水不畅。屋面板的开裂在碉楼建筑物中很常见。屋面表面的裂缝渗水，给建筑结构的安全带来了很大隐患。缺乏防水处理和排水不良也会导致屋面渗漏。屋面裂缝的产生是由屋面板结构变形引起的，其中大部分是由温度变化引起的。由于岭南地区昼夜温差大，屋面面积大，混凝土因温差变化导致热胀冷缩从而产生裂缝。通过对碉楼的实际调查，发现混凝土板上有大型砖砌保温层的屋面裂缝明显小于没有保温层的屋面。鉴于钢筋混凝土平屋面损坏的原因，采取了修补裂缝、重做防水保温层、疏通和排水等措施。屋面板裂缝的修复与修复楼板裂缝的方法一致，通常采用结构加固和开槽灌浆这两种方法。修复裂缝后，清理混凝土表面，然后制作 20mm 厚 1：2 水泥砂浆（含防水剂）找平层，向排水沟 1%找坡，并刷“911”聚氨酯油基防水涂料。在女儿墙的另一侧，最后使用 1：3 石灰砂浆建造 20mm 厚的广东大型砖保温层，混合砂浆抿缝。女儿墙上的大型砖留有 200mm 宽的排水沟，沟上覆盖 0. 3mm 厚的铜片。铜片一边反上女儿墙 300mm，并且侧面插入在台阶砖侧面中间开口的 10mm 槽中。排水口向出水口倾斜 1. 5%。

B 坡屋面的修缮

早期的近代碉楼建筑中更多地使用斜坡屋顶，部分用于平屋顶的露台房屋中。在木梁架、木桁条上铺陶板瓦和筒瓦，草筋灰辘筒瓦面。由于自然因素，长期失修，缺乏日常维护，斜屋顶瓦容易滑动，出现表面开裂、瓦片破碎的情况，另外屋顶容易生长植物，导致屋顶容易渗漏，造成木框架发霉、腐烂和滋生白蚁。对于瓦片的修复，应小心移除所有瓦片，再移除坏瓦片，并在清洗后保存瓦片。瓦片数量不足时应根据原始尺寸重新烧制。新瓦片要求无裂缝、无沙眼、不变形。重新安装瓦片时，可以单独放置新瓦片和旧瓦片。瓦面按底瓦对瓦或半瓦铺，铺前浸在白灰水中，面瓦叠七露三（整瓦）进行重复铺设。瓦片使用原来的陶瓦片，草筋灰辘筒瓦面（含乌烟灰饰面）。隔桁安装锻打铁瓦钹，在屋脊及檐口用 1. 0mm 紫铜线拉结瓦件；屋顶与屋脊交接处外加 1. 5mm 厚铅皮防水。对于桷板、飞子的修缮，应更换损坏严重的桷板、飞子，桷板（100mm×30mm）按现存样式、尺寸用同种木料重新制作；桷板面（与瓦片相接处）涂沥青防腐，桷板顶面为毛面，其余三面为光面，统一喷 CCA 防白蚁药两遍防蚁后，刷熟桐油两道防腐，热沥青施加至墙壁上进行防水和防腐处理。木梁的修复主要通过整体更换或修补加固进行。卸下瓦片后，对木桁架进行全面检查，以确定虫蛀、腐烂和空鼓的程度，其中，木材表面的表面腐蚀大于截面的 1/5，木芯腐烂超过截面的 1/7，梁头如果墙体或搭接接头的完整部分的深度小于 10cm，则需要整体更换木梁（桁架）。更换时，应优先使用与原始组件相同类型的木材。如果难以购买，强度等级不应低于原始组件的木材。更换时要小心取下原木梁（桁架），新

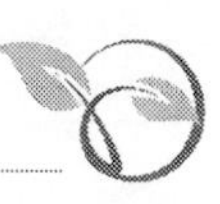

木梁刷 CCA 防白蚁药两次，刷桐油防腐两次，墙面部分涂上热沥青，防止受潮并重新安装。对仍然能满足承载能力要求的腐烂木梁，采用修补方法进行修补和加固，先用吹风机清理腐烂的木屑，然后用同种木材进行修补。大洞用一整块木头填充，新旧木头用燕尾榫拼接；小洞用桐油灰和木头塞满。修复操作结束后，表面进行防白蚁和防腐处理。

坡屋面修缮过程如图 3-10 所示。

图 3-10 坡屋面修缮过程

C 梁体的修缮

传递和支撑钢筋混凝土楼面板和屋面板的载荷主要部件是梁体，通常指木梁、钢筋混凝土梁和钢梁。加固木梁和钢筋混凝土梁的方法与楼板加固相同。这里主要介绍钢梁的修复方法。钢梁的优点是强度高、使用寿命长、施工方便。但是，由于它长时间暴露在空气中，在潮湿的空气和氧气的作用下容易生锈，因此，碉楼内的大部分钢梁已生锈，一些腐蚀严重已失去承载能力的情况；一些钢梁长期承受载荷和自重产生弯曲变形；甚至碉楼的有些钢梁被人为拆除。

生锈的钢梁首先需要整体除锈。检查除锈后，再检查残留截面厚度，如果超过原始截面的 90%，表示钢梁略有锈蚀，清洁表面杂质后，刷红丹防锈两道，表面重新上黑漆；如果除锈后的残余截面厚度小于原始截面的 90%，则属于严重腐蚀的钢梁，根据锈蚀的长度范围，应采用不同的方法。如果锈蚀长小于钢梁长度的 1/4，则生锈部分用钢板加固；如果锈蚀长超过钢梁长度的 1/4，则保留原钢梁，钢梁旁边增加钢梁，新、旧钢构件刷红丹防锈两道，面刷黑漆，根据墙上钢梁孔的大小，新做工字钢梁并进行安装。如果楼板由于缺少钢梁而变形，则应将钢板嵌入到梁与板之间的间隙中，以确保它们充分接触。

钢板加固梁体如图 3-11 所示。

图 3-11　钢板加固梁体

3. 2. 3　岭南碉楼式建筑墙体修缮

碉楼建筑的内外墙体和院落墙体按材料分青砖墙、素混凝土墙、夯土墙三种。基于防卫功能，外墙一般比居住建筑厚，达 0. 5m 以上；室内隔墙多为单隅青砖墙。

3. 2. 3. 1　青砖墙体修缮

青砖具有透气性强、呼吸性能好、抗氧化、耐久、冬暖夏凉等优点，是岭南地区传统建筑主要的建筑材料，近代碉楼建筑也较多采用青砖墙体。砖墙的砌筑方式是指砖块在砌体中排列的方式，在碉楼中，多数采用三顺一丁的空斗墙砌法。青砖墙体损坏现状主要有结构性损坏和外观性损坏两种。

结构损坏主要是由于墙体开裂、墙体倾斜和灰缝损坏造成的。墙体开裂的主要原因之一是负荷不均匀，包括以下情况：基础不均匀沉降导致墙角出现纵向裂缝；门窗楣的承载能力减小造成门窗上方墙壁的八字形裂缝；使用过程中不适当的后开门窗洞等。裂缝出现的另一个原因是温度因素，大多数碉楼屋面板是混凝土平屋面，当昼夜温差大时，混凝土屋面板的膨胀系数大于青砖墙的膨胀系数，导致混凝土板在砖墙上产生向外的推力或内部压力出现裂缝。这种裂缝通常位于屋顶和屋顶板的交叉处以及房屋周围。裂缝是环形或倒八字形的。裂缝出现的另一个原因是植物生长在砖墙的灰色接缝处，其发达的根系把砖墙的砖缝顶裂。墙的倾斜度通常是由基础下沉造成的，基础会因自然和人为因素而下沉。自然因素是由于选址的问题。有些碉楼建在田野边缘或河边，水位很高，在施工期间，由于缺乏对地质条件的勘探，导致基础沉降。人为因素大多是因为城市的建设，碉楼周边的建筑活动对碉楼的基础造成影响，引起沉降。还有一种墙体倾斜发生在碉楼建筑的院墙上，由于庭院地板高于外层，庭院内的排水不顺畅，吸水后的土壤产生向外的推力，使墙壁向外倾斜。

砖墙的外观损坏主要是墙体外表面的破坏，包括表层的剥落和破坏、砖的风

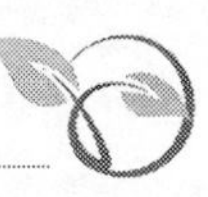

化、墙壁的污迹等。表层的空鼓剥落主要是指砖墙的装饰表面材料的损坏，例如，由于空气潮湿，导致空鼓，砖墙的开裂把面层拉裂。面层的破损主要因为后人改造，加装线码、空调等对墙体表面造成严重的破坏。青砖的风化是清水砖墙常见的破损现象，造成这种现象的主要原因是自然因素。岭南气候潮湿、风雨多、土壤含盐量高，盐通过雨水和潮湿的空气作用在墙壁上，使砖块风化和酥碱。墙上的污迹是由于炎热潮湿的气候，苔藓、霉菌和其他微生物在墙上的生长造成的；此外，是后人的一些不当涂刷、油漆加上构件生锈的锈迹等引起。

碉楼室外庭院墙外倾是一种常见的破坏现象，会造成一定的隐患。它通常需要通过纠偏和加固来修复。将院内地坪标高以上第二皮顺砖（约 0. 12m）处的砖缝原砂浆勾掉，保证墙体在拉动时，能以砖缝中部作为支点，使墙体复位。用建筑模板与纵横钢管连接夹紧并保护墙体，将整个墙体连成一体，松散的部分使用硬木检查。在距离墙壁适当的距离处，设置一定的束带支撑，支撑应牢固且安全。支点旋转固定装置应设置在偏置壁的底部，支撑设置在壁的内侧，以防止出现壁向内滑动的情况。应根据墙体的高度和长度设置拉绳索，手动提升机和花篮螺栓的数量、松紧状况要保持基本一致，并安装稳定。为了防止在拉动砖墙后过度倾斜墙壁，必须牢固地制作支架和顶部。纠正偏差时，在墙壁和两侧设置 3 个垂直观察点，方便随时掌握校正情况。逐个调整手动葫芦和花篮螺栓，观察墙壁变化，并进行调整和更改，使墙壁逐渐复位。墙体纠偏后为了避免日后再产生外倾，需要在墙壁的外立面用钢筋混凝土支撑柱支撑，墙柱底座应向外延伸并且埋在室外地板下方。

室外庭院墙纠偏图 3-12 所示。

图 3-12　室外庭院墙纠偏

在岭南的近代建筑中，为了加强墙体的完整性，通常在墙壁上增加拉杆。在碉楼的修复中，为了防止墙壁继续开裂，也会采用传统的拉杆加固方法。首先，沿着墙壁，在每个楼层的底部。设置 4 个直径为 25mm（两端）的垂直和水平圆钢棒、外墙钢板（600mm×200mm×10mm）、钢垫片（60mm×60mm×10mm）和弹簧。垫圈（10mm 厚）固定在圆钢上，墙上的圆钢设“花篮”，主要是用于收紧栏杆。从铁锈中除去暴露的铁部件后，刷红丹防锈漆二遍，黑漆二遍。在拉杆加固的同时，必须修复破裂的砖墙。首先用同规格的青砖替补破裂的青砖，然后用锤灰修补灰缝。

对于砖表面风化和酸碱的墙面修复，有两种较为常见的修复方法：替补修复和砖粉修复。替补修复是对于风化酸碱严重的青砖采用同规格青砖替换的方法，其方式有两种，一种是去除整个风化的青砖并用整块砖代替；另外一种针对风化程度较轻的青砖，清除干净风化层，用新砖块切成薄片粘贴上去，注意此时不得将切面向外。砖粉修补方法是将青砖磨成粉末，加入矿物颜料和煮沸的皮胶调整砖墙的颜色，然后修复风化的墙面，这种方法主要针对风化表面较为轻微的墙体。施工中需要注意的是必须逐块修补，不得大面积批荡，并且应尽可能地暴露原始的墙砖表面。这种方法可以减缓原砖的风化速度，也符合最小干预和真实性的原则。

3.2.3.2 混凝土墙体修缮

混凝土捣制的外墙坚固厚实，更适合防御功能，因此，大量的碉楼使用混凝土作为外墙材料。碉楼混凝土墙的主要破坏现象有表面剥落、风化腐蚀、裂缝、发霉、长苔、部分混凝土墙体出现坍塌。产生破坏的主要原因仍然是温度和湿度的变化、地基的沉降、施工期间混凝土的强度不高、混凝土的使用寿命到期。混凝土墙体裂缝的修复与混凝土地面裂缝的修复方法类似，一般采用灌浆进行填缝。应该注意的是混凝土墙的裂缝中存在的水平裂缝。这种裂缝是施工过程中分层模板混凝土留下的施工缝，而不是结构裂缝，只需要注入聚合物砂浆密封裂缝并防止雨水进入即可。对于部分坍塌的混凝土墙，坍塌的部分需要重新捣制。首先，要用刷子清除干净表面上的灰尘；在墙的缺失位置处钻直径 40cm 粗的小孔，然后植入 60mm 直径的圆钢作为与新捣制的混凝土墙的拉结，最后支模捣制混凝土，混凝土材料配比应尽量接近原墙体材料。

3.2.4 岭南碉楼式建筑门、窗的修缮

碉楼的门窗与一般民居式建筑相比有一定的独特性，一般相对较小，并设有防盗铁支，材料有木门窗和铁门窗两种，铁窗多为外开的平开窗，而木窗多数为木玻璃趟窗。

3.2.4.1 木门窗的修缮

碉楼由于长期空置和缺乏保养，现有的木门窗状况不佳。损坏的主要原因

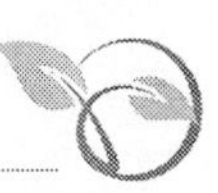

是：缺乏维护、整体或部分损失，这种现象是最为常见的；白蚁侵蚀会导致木材成分腐烂；日久失修，木框变形，窗玻璃缺失。木门窗破损或缺失严重，修理时，通常需要拆除木门窗，更换或修改木质部件，然后进行重新安装。对于木门的修缮，可参考原始款式，制作木框架、门扇、门闩等部件；清洁原有的门洞口灰尘，将上框架放入原墙的上框槽中；倾斜进入竖框的两侧，轻轻敲入门的边缘，安装后用水泥砂浆密封。对于木窗的修理，同样可参照原有样式，制作垫木、木窗框、木板或玻璃窗扇（玻璃常用3mm厚白玻璃）、五金构件等；清洁原窗洞口沙尘，在原有孔洞内安装垫木（下窗框墙体预留）；安装下边框，调整边框的高度，并把下边框固定在垫木上；安装窗扇，窗扇需距离上边框约1cm，便于窗扇的推趟；安装上边框，完成后用水泥砂浆封缝。对于新旧木制部件的制造，必须进行防护处理，包括防虫、防腐、防火处理，保留的旧构件用手工除去原有旧油漆；木构件间拼缝处或木材裂缝处刮猪料灰（传统腻子材料，在猪血里加适量的开水并加入适量的石灰粉搅拌均匀而成），表面磨平；刷CCA两道防白蚁，涂熟桐油（加褐色矿物颜料）两道，主要起防腐与着色作用，桐油能渗入木材，油漆不易起皮剥落，木框与墙体接触部位刷热沥青防潮防腐；刷透明阻燃漆两遍。

3.2.4.2 铁门窗的修缮

由于新中国成立初期，鼓励全民大炼钢铁，碉楼建筑原有的铁门窗与钢梁一样，被大量拆除用于炼钢，只能依据剩下的部分作为复原铁门窗的依据。另外，虽然保留了大部分防盗铁窗支，但铁窗支存在不同程度的氧化锈蚀。铁门窗的修缮，同样可参照现存样式重做缺失的铁门、铁窗，各铁构件的连接必须采用近代的铆钉连接方式，不得用现代焊接的工艺。重新安装缺失的铁窗支时，在铁支位置下部窗框处凿一凹槽，放入铁支，重新填补凹槽。对生锈的铁构件要进行彻底除锈，然后刷红丹防锈两道，面刷黑漆。

图3-13所示为铁门窗刷红丹防锈。

图3-13 铁门窗刷红丹防锈

3.2.5 岭南碉楼式建筑楼梯的修缮

木楼梯和混凝土楼梯是近代碉楼建筑中常用的两种类型。混凝土楼梯的损坏和修复方法与混凝土楼板几乎相同，在此主要讨论木楼梯的修复技术。碉楼中的大多数木制楼梯均由坤甸木或柚木制成，木材很硬，其主体结构保存现状较好。由于潮湿和白蚁侵蚀，一些杉木的楼梯会腐烂；此外，由于长期空置，曾经有一些房主拆毁木楼梯直接当柴烧。丢失或腐烂的木制楼梯需要按原样式和尺寸重做，碉楼的木楼梯通常有坡度较陡的木爬梯和坡度较缓的常规木楼梯两种。

碉楼中空间位置较小的地方一般多采用木爬梯的形式，爬梯坡度较陡，踏步板用榫卯的形式插入两边梯梁，节省空间。首先，根据空间的大小，计算梯形梁的大小和步数，然后制作每个木质构件。具体的安装步骤如下：底层楼梯多安装在砖基座上，砖基座两端开孔，用于安装梯梁；楼板层梯梁直接至于楼面板上，混凝土楼板开孔，安装木梁，而木楼板一般把梯梁置于木梁上；木梯梁根据两端榫口位置预留榫头并涂抹热沥青，两边内侧需要根据踏步数量开槽，并在相应位置安装木梯梁；制作踏步板，板两侧预留榫头并安装在梯梁上。

有足够大空间的平板通常会设传统的楼梯，其具有平缓的坡度并且适合于人行走。在生产过程中，将三角木放置在梯梁的上表面上，踏板和踢板固定在三角木上，像梯子一样，底部楼梯大多会安装在砖基上。砖底两端有孔，用于安装梯形梁；楼板层梯梁直接置于楼面板上，混凝土楼板开孔，安装木梁，木楼板一般把梯梁置于木梁上；木梯梁根据两端榫口位置预留榫头并涂抹热沥青，木梯梁安装在相应位置；计算好尺寸后，制作三角木、踏步板和踢步板；最后用方铁钉固定三角木于木梯梁上表面，并将踏步板和踢步板固定在三角木上。木制楼梯附件主要是楼梯支柱、扶手和栏杆。附件部件有两种损坏情况：一种是由于人为因素的拆除而缺失；另一种是由木材部件变形引起的楼梯支柱、栏杆等松动。对于木质楼梯附属设施的修缮，应在安装柱子的地板或踏板上钻孔，并保留榫口；制作支柱和立杆时在两端应预留榫头，并安装在预留的榫口上。插在混凝土楼板上的榫头刷热沥青防潮防腐；制作木扶手并根据立杆位置留出榫口，两端预留榫头，扶手安装在立杆上，两端置入望柱内；拐角位置的两根望柱用短木连接连成一个整体。仔细检查每个附件的松动情况，检查松动部分的榫口连接，并将硬木插入间隙，以确保榫口没有空位。新旧木制部件在制造和安装后必须加以保护处理，包括防虫、防腐、防火处理时，保留的旧构件手工除去原有旧油漆，木构件间拼缝处或木材裂缝处刮猪料灰，表面磨平；刷 CCA（铜铬砷）两道防白蚁；涂熟桐油（加褐色矿物颜料）两道，以防止腐蚀和着色，桐油可以渗透到木材内部，油漆不易剥落，木框架和墙壁接触部分刷热沥青，以防止水分和腐蚀；最后刷透明阻燃漆两次。

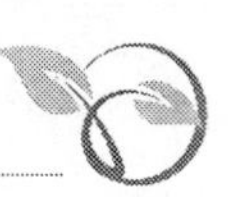

3.2.6　岭南碉楼式建筑装饰部位的修缮

碉楼式建筑的装饰手法多样，既吸收了西方装饰艺术的特征，又兼有本地传统建筑文化的元素。

3.2.6.1　灰塑的修缮

灰塑是岭南传统的装饰工艺，工匠用草筋灰和纸筋灰塑造各种吉祥如意或山水花鸟图案，在碉楼式建筑中，多放在门楣、窗楣、墙檐及山花等位置。由于风雨侵蚀、日久失修，碉楼建筑的灰塑出现不同程度的松动、破损、褪色、表面生长青苔和附生植物现象，其中以灰塑局部破损、褪色表面生长青苔等问题较为突出。对于灰塑的修缮，首先用清水浸透24h，对于灰塑表面附着的污垢、苔藓等污染物可用竹棒刮，用软毛刷、牙刷、油刷进行清洗；清洁后，检查灰塑的损坏程度，需要进行多角度拍照作为维护和修理的基础，然后根据检查结果确定维护和修理的措施；用棉毯固定灰塑。浇注水，保证灰塑内有足够的水分，然后去除松脱的灰塑；对原拉结铁丝、铁钉锈蚀较严重部位和出现松动的灰塑，使用紫铜丝和不锈钢钉进行加固。找最隐蔽的地方对灰塑实施连接，再进行灰塑修补，使灰塑得到稳固。加固过程应保证原有的灰塑不受损坏，保持文物的原貌，物料不得外露。修补材料应使用传统材料和工艺制作的草筋灰和纸筋灰。施工前，将原灰塑充分润湿，然后用草筋灰补充受损部位，确保修补材料与灰塑的紧密黏合。使用草筋灰时，每次不应超过3cm。需要反复按压使新灰和旧灰牢牢黏附。如果修复的厚度超过该范围，则必须在24h后进行第二次抹草筋灰施工。灰塑表面层的修复或成型是灰塑结构中最重要的技术。修补完草筋灰后，必须在48h后用纸筋灰塑型，避免出现收缩裂缝，复原灰塑应该达到原有的大小、形状和动态等艺术效果。由于石灰是白色的，传统工艺使用石灰上加颜料来形成相应的色调，并且在用纸筋灰修补之后，用颜料拌纸筋灰进行一次色灰塑面的工作。每种灰塑中使用的颜色灰必须与原始颜色一致，所以每件灰塑的色灰都要小心调配使用。灰塑上彩需根据原色调，灰塑颜色应根据照片提供的颜色样本从浅到深进行着色。将水与浸泡的石灰混合以使颜料发酵，使用的颜料用石灰水稀释。石灰是一种气体硬质材料。修复灰塑时，必须确保钢筋的修复和加固。施工结束后一周内不得有雨水侵入。天气晴朗时，水应该完全蒸发。因此，有必要在阳光明媚的日子每天打开覆盖面，下雨天与晚上的时候将灰塑覆盖好，以使灰塑得到更好的保养。

灰塑的修缮需要用到草筋灰、纸筋灰、色灰材料。草筋灰生产过程如下：把干稻草用水湿透，放入大容器（比如大罐、大桶等），倒入约5cm厚，然后加一层石灰膏覆盖下层稻草，一层稻草，一层石灰膏，逐层加入所需的量，然后沿着大罐或大桶的内壁慢慢填充水，高于稻草和石灰膏上方约20cm或30cm即可。

然后，将其密封、浸泡、发酵，并在一个月内不能开封。经过长时间的水浸和发酵后，稻草发霉并与石灰一起沉淀。纸筋灰生产过程如下：把玉扣纸浸透搅至纸筋；用水浸泡生石灰，然后用细筛过滤除去砂和砾石杂质成灰油，每100kg石灰需要加入2kg红糖和2kg糯米粉。按比例配制、搅拌，使其充分细腻和油滑；将石灰油与纸筋混合，然后密封约20天，用时再进行糅合，揉的时间越长黏性就越好。色灰生产工艺：取处理后的纸筋灰，加入所需颜料，混合均匀，所选纸筋灰中的纸筋成分略少，颜料采用传统的各种色粉颜料。

3.2.6.2 西式饰线的修缮

由于受到西方古典装饰技术的影响，碉楼建筑注重外立面装饰，各种装饰线条造型精美、做工精细、凹凸变化。由于风化、雨水侵蚀或外力作用，装饰线受损或破裂。对于饰线的修缮，可清洁损坏部位的碎屑和灰尘，损坏部位表面用水润湿；损坏的部分用水泥砂浆修复，先用小灰刀、木条等工具塑出大致轮廓，再根据原线条形状，用草筋灰成型，在草筋灰中适当调色，以与旧饰线色调协调。

3.2.6.3 大体量装饰构件的修缮

碉楼式建筑会在其女儿墙顶或山花顶设置较大体量的装饰构件，例如宝鼎、宝珠等。该种构件与饰线一样，主要是因为风化、雨水侵蚀或外力作用造成破损、开裂现象。对于大体量装饰构件的修缮，可先清理破损部位的杂物等，按照原形状，用草筋灰塑形，草筋灰中适当调色，以与旧部位的色调保持协调。

3.3 重庆酉阳县龙潭古镇传统村落民居建筑修缮

传统村落建筑虽然名不见经传，却占我国农村土木建筑的绝大多数，在无形之中，传统村落民居早已深入当地风土和大众意识，逐渐消逝的老房子凝聚着朴素的生活智慧与醇厚的乡土文化，是“时代、地域和人的最忠实的记录”。对传统村落民居建筑进行修缮，一方面是对传统技艺与文化的传承，是对“乡愁”的守望；另一方面更是对“新农村”的追踪溯源和凸显农村土木建筑的特色营建。

3.3.1 重庆酉阳县龙潭古镇传统村落民居建筑修缮原则

传统村落民居建筑不等同于古建筑，大多数是为老百姓生活所用，故民居建筑是会随着生活方式的变化而改变。中国古建筑学家罗哲文先生把修缮原则概括为三种类型：第一种为保存现状；第二种为恢复原样；第三种为取其精华，去其糟粕。

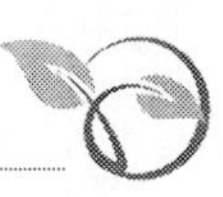

3.3.1.1 修缮完整性原则

《历史建筑材料修复技术导则》提出："修缮，即对历史建筑进行的整体维护、加固、修复等措施。"这里说的整体维护即保持完整性。在对传统村落民居进行修缮时，需要采取系统和完整的步骤来支撑。从宏观的角度来看，包括整个过程的三个连续步骤的完全统一，即住宅和环境风格的一致性，修复过程的步骤以及后续工作的完整延续。首先，传统村落民居反映了与周围环境的空间关系，反映了民居本身的代表性结构、材料装饰和工艺。在修复过程中实现一致性显得非常重要。对于民居建筑的每个部分，整体建筑风格应作为参考，原始风格应统一，包括民居建筑的周围环境。这里提到的风格统一不是要抹去现有的痕迹，当然也不可能做到构件部位的完整如初，而是要在整体宏观条件下实现统一，不要混淆原有的和现有的传统民居建筑的历史层次，不要用新旧层次作为差异的标准。在此基础上，对修缮对象进行调查和评估，包括识别修复点、明确损坏原因、评估修补程度，并根据修复过程确定具体的修复方法，其中排除造成损坏的根源和隐患极其重要，维修过程更换原有的部件必须要有统一的规置、存放管理，并提高后续维修的整体完整度。最后，修缮工艺的完整性还体现在修缮工程竣工后，对修缮工艺过程所做的完整备档资料的收集，包括施工图纸、会议记录等。从微观角度分析，在对重庆传统村落民居修缮工艺前，必须要对现状所产生的无意义的修缮现象进行严格的分析并移除。使用新材料不是为了替代原材料，而仅仅是为了加固或补强原材料的原始结构。在修缮过程中，在使用新材料和新技术方面，既要保证修复过程的完整性，同时又不能降低传统民居的价值。在具体的实际修复过程中，有必要考虑整体情况，而不是仅仅关注当前的局部工艺，更要考虑修缮过程中的附属工艺，从而使整个修缮工艺全过程有一个完整性。重庆的传统民居建筑主要以木结构为基础，一些非关键的维护，如地面修缮，可以通过石作的补充材料方式来完成。石作铺地也是自古以来用法最多的方式。无论是地基还是室外地面，几乎都可以采取石作方式铺装。近年来，重庆民居修缮工艺过程中小面积的地面损失已经被水泥控制方法所取代，且水泥仿石的规格造型、颜色肌理等都仿造原状，这种方式只是针对于非关键性维修部位，从而使整体工艺相协调。

重庆传统村落民居的完整性修缮技术应合理利用修复过程的历史经验资源，注重文化、艺术和经济在修复过程中的整体融合。一方面在修缮工艺过程中做到木作、石作、瓦作等具体工艺的完整性，以及周围历史特征的完整性；另一方面应在宏观角度理解修缮工艺涉及的附属部分的完整性，例如社会生态系统衔接等。

3.3.1.2 修缮真实性原则

修复过程的真实性包括古代民居在建造时的原始状态，以及现有的实物状况，以及各个时期的痕迹。传统村落民居建筑是前人留下的宝贵遗产，它反映了人类社会生活的变化。1955年，梁思成先生提出“修旧如旧”的古建修缮原则，这一原则明确表明，在进行修缮工艺过程中必须坚持真实性，该理念在过去的二十几年里实施有效。随着修缮过程中经验的长期积累，其真实性也通过文献记录积累，并作为可靠的依据，牢固地传达了修缮过程的真实性这一原则。在具体的修缮过程中，应保留传统民居建筑改造前的历史信息，具体的修缮过程应表现修缮过程的真实存在。在保护建筑物真实外观为前提的修缮过程中，倡导抵御自然力量，延长建筑物的使用寿命。《文物保护法》中“不改变文物原状的原则”就是修缮工艺的真实性原则，应采取新形势下“修旧如旧”“整旧如旧”方式恢复原貌。其中“整旧如旧”的方式适用于参观启示性的历史古建，而“修旧如旧”的方式更适用于一般性传统民居，以便有时效地传承地方特色、确保多样化，全面保护其历史的真实性，构筑遗产保护体系。但是，随着社会的快速发展，在新的形势和背景下出现了新的问题。不同部件采用不同的具体修缮技术。当然真实性并不意味着盲目追求可识别性。民居建筑是独一无二的，不是一个简单的复制工作。在具体修复过程中，在达到真实性的基础上把握历史民居建筑的可识别性才是关键。

对“真实性”的理解可以分为两个主要方面。一是在修复时最大化满足历史民居建筑的形状结构和材料风格；二是在历史民居建筑的修复过程中，主观上积极地面对存在的真实情况，遵循自然客观规律，与时俱进。为了保持重庆传统村落民居的真实性，对于一些破损严重不能恢复的残痕建筑，我们要保持其真实性存在，而不是制作成所谓的古董，这样没有任何意义，在保证安全的情况下，保留真实。随着经济的发展，人们的生活方式也发生了变化，重庆一般民居的内部功能布局已经不能适应现代社会生活的全面发展。我们必须面对这个现实，需要关注居民生产和生活的真实性。作为重庆人民生活的传统民居，有必要同时适当调整和恢复原有用途并增添新的功能。在内部功能真实性布局的具体修复过程中，必须坚持民居的原始真实性。同时可以在不改变原始布局的情况下添加一些新功能。在修缮前，有必要对民居建筑的深度和广度以及周围环境进行调查，以确保民居建筑的历史发展和变化。在具体的修缮过程中，旧的就是旧的，新的是新的，尽量局部修缮而不进行大补。片面地用新技术取代旧技术也是不可行的，两者之间的合作应是现代技术的最小化介入，不仅要协调而且更要真实。在重庆民居修缮工艺中，根据修缮的具体情况判断该修缮工艺的隐蔽性处理方式。例如，重庆民居建筑中承重柱的隐蔽性修缮工艺，在关键性结构部位出现较大裂纹

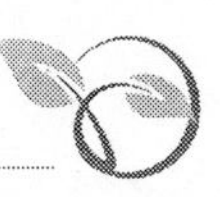

时，可利用铁箍加固；在较小裂纹处可用木条嵌补并刷漆附色。这两种方式都反映了隐蔽性模式的选择，最大限度地避免了整个或部分组件的更换，能小修的就不大补，以确保其真实性，并根据已经被证实的传统修缮工艺或者可代替性的现代工艺并用，尊重发展的真实性。

3.3.1.3 修缮延续性原则

在传统村落民居建筑的整个修缮过程中，除了坚持完整性和真实性的原则外，另一个核心原则是连续性，其贯穿于传统村落民居建筑的整体发展。主要是预防性的，通过使用旧材料来实现修复过程的可逆性，并防止将来造成自然和人为损坏。预防性是一种重要的连续性手段。以预防为主，在传统村落民居建筑的修缮过程中，应当在修缮前期就把积患消灭在萌芽中。同时，旧材料的使用不仅有利于恢复原有建筑的特点，而且还能独特地连续使用材料本身。所谓的原始形状是指传统村落民居建筑最初建成时所呈现的结构形状、风格特征和工艺材料。而现状是指传统村落民居建筑的现存状态，或许保留了建筑最初的时代特征，或许为修缮后的面貌。为了确保更好地延续传统村落民居建筑的修缮工艺，应该采取尽可能恢复原有建筑部件和缺陷部件的方法，对民居建筑整个宏观现存的面貌以及雕塑、壁画等艺术类鉴赏作品采取选择性地保留其历史可读性，理解其延续性。在实际修缮过程中，限于实际技术条件和历史经验的影响，为了及时有效地保留传统村落民居的连续性，需要在修缮过程中采取一些临时措施，一方面及时保持现状，维护民居建筑的真实性不被恶化；另一方面，需要利用科学依据和历史经验解决实际问题，为将来进一步修缮留出空间，使其可以进行重新处置。

世界上的一切事物都是动态发展的。在不同的条件下，修缮过程是基于当前的经验完善过去的经验，并不断产生更好的修缮技术，才能跟上时代的步伐。保持重庆传统村落修缮的连续性，有利于传统文化、传统习俗和传统价值观的继承和延续。注意修缮过程的连续性，在具体过程中，有必要掌握修缮过程的客观自然属性，特别是修缮材料的处理方法。重庆传统村落民居修缮过程的延续性影响包括两点：首先，修缮过程受到自然和社会外部环境的影响；其次，修复材料本身也受到自然属性的限制。因此，鉴于材料本身所反映的变化以及修缮工艺的流失，需要进行大量的现场调查，有计划的拍摄照片、收集资料，并对当地工匠进行寻访，及时有效地进行记录，以便更好地延续修缮工艺；同时，在实施传统民居的具体改造过程中，必须善于挖掘修复材料的可再生处理，将修缮工艺与现代材料、现代技术相结合并加以创新，进而保证修缮工艺良好的延续性发展。

3.3.2 重庆酉阳县龙潭古镇传统村落民居建筑修缮的价值

中国传统村落民居是我们今天可以用来客观地感受生活和文明变迁的重要物

质实体。重庆传统村落民居正是这些传统建筑的一个重要组成部分。它们的建筑结构、建筑材料和建筑装饰，以及高超的技术水平，都突出体现了中国传统村落民居的价值特征。

3.3.2.1 修缮的文化价值

中国传统村落民居是中国古老文明的体现，它们传达出中国祖先的生活智慧和创造才能，反映了民族精神的文化内涵、文化品格和文化价值。由于环境和经济的差异，再加上我国幅员辽阔，所以形成了具有地方特色的传统村落民居文化。重庆作为一座国家历史文化名城，历史悠久，承载着该地区独特的地域文化和民俗文化。重庆的传统村落民居建筑是最接近重庆普通人生活的，给人一种亲密感和怀旧感。重庆传统村落民居体现的文化价值是通过长期社会生活的积累自发形成的，它是延续城乡历史背景，展现巴渝传统民居特色的根本。但是，随着城市经济的快速发展，城镇规模不断扩大，目前，重庆民居中能够体现当地百姓生活的民居建筑已经很少了。如何保留住这些传统民居，恢复原状、保护现状并形成有效方法，修缮工艺又如何贯穿于整个有效方法之中，成为当务之急。

修缮工艺的文化价值更多地体现在修缮过程中，即修缮过程中记录各个朝代修复时的建筑结构形状和构件制造过程的变化。重庆的一般民居院落非常狭小，但布局却相对比较自由，只有声誉显赫的家庭才会有更大的庭院，这也形成了重庆民居建筑结合地形构成的干阑式吊脚楼或多层出入的多层民居。重庆的传统民居大多采用穿斗式的木结构，木构部件多以木料本色为主。在特定的修复过程中，保持材料的色泽，只将少数几个柱子涂成黑色，门窗上涂棕色或枣红色，这样，一方面延续了其区域文化，以保护非物质文化遗产；另一方面，保留了历史文化遗迹与变化并把它与当代工艺相结合，体现了民俗文化风情。在不同时期的修缮经验总结中，不断记录增加的历史文化研究资料有利于后期传统村落民居的保护，且修缮程度成正比例增长趋势。建筑结构的实际结构、构件的质地和生产过程作为宝贵的遗产，具有参考价值，同时也反映当时社会的建筑体系和文化风格，具有很高的历史文化价值。重庆传统村落民居修缮技术注重历史文化底蕴，最大限度地恢复其文化价值，所表现出的地域性文化等可继承性文化是我国社会生活长期变化发展的一种浓缩反映，在世界建筑史上留有很强的印记。重庆的传统村落民居是历史文化遗产，已经超越了私有财产的界限。不论是官方，还是民间人士，或古民居的所有者，他们都有责任共同去保护它们。经历过历史长期发展的宗教民俗文化、民间装饰构件雕刻文化，以及经过长期历史发展形成的“巴蜀文化”，都可以从经过修缮恢复后的重庆民居建筑装饰中获得。它对考古研究和文化传承具有重要的现实意义。

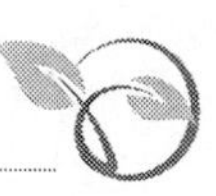

3.3.2.2 修缮的艺术价值

中国是一个拥有广阔土地和自然资源的多民族国家，各地的自然和人文环境各异。民族和地域特色反映了其丰富的艺术遗产和历史信息，艺术价值极高。许多艺术遗物都有其不可磨灭的魅力，总是受到人们的赏识。艺术价值是传统民居最重要的精神价值，所产生的精神境界包括身体的、心理的和精神的。在传统村落民居修缮的具体对象中，无论是反映心理艺术价值的吉祥图案，还是传达生理艺术价值的建筑结构，都是世界珍贵的艺术遗产，更是世界民居建筑珍贵的研究对象。重庆传统村落民居修缮工艺的艺术价值在于重庆传统民居独特的错落有致的民居建筑形式，比如说具有特色文化符号的吊脚楼、青石板路、小青瓦和穿斗房。宅基阶沿大多用细细打磨的钻条石砌成，大街小巷都有特有的石板路，以及因地形影响而出现台阶较多的景象。整体集中的传统民居大多南北朝向，形成一个渐进的庭院空间，以中心轴为中心进行线性分布。重庆的一般民居大多是木结构，很少装饰，除了门板、门楣和窗棂等木板部件，其上刻有动物和植物图案，其余部分主要是基于材料本身的材质美的表达，因此，在具体修缮工艺方面对木质本身材质的还原性要求颇高。重庆普通人家的民居土墙宜选用当地杂木材料、枝条进行复古编织，在杂木枝条编织后，再在其双面抹上草泥，该工艺取材方便、施工简单，还能防火、隔音、防潮，是非常实用的工艺。只有富裕的人家在装饰面板上雕刻出精美的图案，例如入户大门上的雀替，对其雕刻的修复是整个修复的亮点。在修复过程中，必须使用平雕、浮雕、镂雕和透空雕等工艺手法完成，以保留传统村落民居的精神和文化遗产。对其修缮时，如果要想把古代建筑中的历史人物、鸟兽、花卉图案等历史文化特征的形象刻画的生动逼真，就必须要从修缮中了解到吉祥图案、民间传说及神话故事等装饰题材所包含的艺术价值。这类古老朴素的民居建筑修缮工艺对历史、考古、民俗甚至雕塑界具有重要意义，它对于研究未来修复过程的艺术价值具有重要的启示，具有很高的艺术研究价值。

3.3.2.3 修缮的经济价值

古代建筑作为一种艺术，其历史文化的无形资产不仅表现在建造时或维护时所耗费的人力与物力，而且还包括历经长久的历史洗礼形成的经济价值。对于这些传统村落民居建筑文化遗产的修缮，实质就是对传统村落民居建筑生命内容的一种延续与转换，应在现代城市建设和社会发展中使传统村落民居的修缮工艺发挥最大的经济价值。

重庆传统村落民居修缮过程的经济价值体现在物质功能的价值和非物质精神的价值上。物质功能可分为一般传统村落民居和城市规划旅游经济建设。传统民居的物质功能是指满足生活在社会中的人们的住行来往等的基本功能。城市规划旅游经济建设延续了传统村落民居拥有者的经济保障，直接的表现就是带动民居住宅以外的经济收入，也是当地经济长期稳定发展、增加商业投资和旅游消费的重要支撑。对于重庆传统村落民居的修缮过程，修缮工艺的经验总结可大大提高后续传统村落民居修缮工艺的效率，缩短修缮工作周期，延续经济价值。重庆传统的村落民居主要以木材为框架材料，木材会随着时间的推移而老化和腐烂，甚至大部分都会被白蚁侵蚀，所以需要想办法最大限度地把木材保护下来。因此，在整个修复过程中，应优先选择与原位部件相同材料，并且仅在非常困难和特殊的地方才选择相同等级的材料进行替换。在修缮过程中采取的临时措施只是为了稳定现状而不是最终的修缮工艺。因此，在加固原材料的选择上应该避免新添加材料对原状造成二次损害。在传统的重庆木门窗修复工艺中，目前大多数做法都是采取具有延展性的轻金属铝薄片进行临时性的包裹，这样一方面能防止扭曲和撕裂的扩大，另一方面可减少对门窗的木材本身的二次伤害。对于重庆民居木质构架关键承重部位的修缮工艺，没有采取类似于广州光孝寺大殿的换水泥方式，也没采取木材的直接更换，取而代之的是采用新的技术和新的材料，采用环氧树脂配剂的灌注方法，残缺部位通过填补拼镶方式以及小型木料构件部位的黏结方式保存原状，从而实现后期修缮工艺的可逆性。在后来的修复过程，这些方法在修缮过程中增加了经济价值，并通过重庆传统村落民居修缮过程的经验总结，充分吸收其成功经验，运用现代工具展示最初的工艺效果，体现修缮工艺的独特经济价值。

3.3.3 重庆酉阳县龙潭古镇传统村落民居建筑修缮工艺的现状及问题

3.3.3.1 修缮工艺的现状

本节重庆酉阳县龙潭古镇传统村落民居建筑修缮主要指民间修缮。

A 防火防潮、采光排水修缮工艺现状

龙潭古镇传统民居的住宅数量大约近300户，户与户之间的建筑十分密集，而且所有这些民居建筑都是纯木结构的。考虑到避免火灾的发生殃及他家及减小火势，故需要使用青砖筑砌的隔火墙（俗称封火桶子）来隔绝邻家火势并减少损伤。虽然样式还继续保存着，但实际修缮的材料已被替换。与之相同性质的还有吴家二院的外墙小尺寸圆形开窗，为了不损坏窗户周围的原始砖墙，采取了水泥添缝并施加白色石灰以保护原始颜色。加固周围的砖砌，一方面是为了有利于通风，另一方面更重要的是，它具有防盗和防火的功能。吴家大院二层木地板与外墙砖砌衔接处之间一般都留有空隙，这个空间主要用于防潮和防虫通风。由于年代已久，木地板已经严重风化和腐烂。当地居民使用当地的自制石材空心砖填补底层的空隙，以加强修复过程中的地面支撑。石头空心砖不是当地的正式学术语言，它是当地居民进行口头交流说的。其制作方法是采用小颗粒石头放在模型板里经过压制后再烧制，中间有两个对称的孔，这个孔主要用于通风和防潮。龙潭古镇民居建筑主要靠天井进行采光，通过天井，阳光就能直接洒进房子里。在天井垂直相对的地面采用当地透水石材制作，并在四周做一个“回”字形的凹槽进行排水，雨天屋顶上的雨水流向沟槽后会迅速排出。然而，经过年代的打磨，地面石材总会被损坏。随着现代技术材料的不断发展，当地居民主要使用现代水泥材料，在修复过程中极大提高了地面的稳定性。通常的做法是填补原始地面石头的空隙。虽然这种修复过程确实达到了地面的稳定性，但它一般只用于出现小裂缝的情况。大面积的地面损伤实际上不适合水泥填补，这样很容易影响传统民居的历史印记。

吴家大院二层地面缝隙加砖如图 3-14 所示。

图 3-14　吴家大院二层地面缝隙加砖

B　宅院瓦作、木作、石作修缮工艺现状

龙潭古镇的民居宅院除了当地石材的地基台面、瓦制屋顶和一些砖外墙，主要采用全木结构。瓦作位于屋顶部分，由黏土材料烧制制成，可使房屋内部免受日晒雨淋。只要屋面瓦之间没有出现漏洞，木框架就不会腐烂，房屋也不会坍塌。民居宅院的屋顶瓦面的修缮和保养必须积极主动和定期实施，要做到未雨绸缪。对于大多数当地民居宅院的户主来说，他们并不太重视。只有在阴雨天气房屋漏水时，他们才会想到天晴后的修缮工作。在具体的修缮工艺过程中也不会大面积修缮，只是在局部进行抽换底瓦、更换盖瓦，而且将瓦直接盖在望板之上，没在望板上铺上灰泥。这种类型的修复过程只会在一段时间内保持不被破坏，并不能做到长期有效。对地面石作以及外墙砖作也采用临时性修缮工艺方式，在地面和墙面裂缝处均采用水泥进行敷贴，从传统保护的角度来看，这种修复方法仅适用于小范围出现的裂缝，并不适合大面积的区域。木作一般分为大木作和小木作。大木作是木框架的承重部分，如柱子和横梁；小木是非承重木构件，如门窗、栏杆等。龙潭古镇民居宅院以木质本身的材质美为主，它没有华丽的装饰，所以在具体的修缮过程中减少了装饰雕刻的要求。在具体的修缮过程中，柱、构架的修缮过程显得尤为重要。一般情况下，当地居民会采取临时抢救措施，即临时支撑，使用方木或原木作为撑杆支撑歪闪方向，且圆木的直径大小一般根据经验由师傅进行定夺。还有一个常见现象就是柱子劈裂，户主一般会根据其严重程度来决定修缮工艺，只有在关键部位产生的细小裂缝才会采取木条嵌补方式，其次是在较大的损坏中采取补救措施。在修理窗户时，坚持整扇取新的办法，并根据旧构件的线脚的图案选择线刨刀片，不以能补则补作为要求，人们认为新旧接条拼接十分费事费力。修缮工艺很简单，必要时采取补救措施，由于选择廉价材料限制了窗户的使用寿命，造成部分民居修缮后面貌大改，传统氛围逐渐消失，与整体环境不协调，这或许跟当地居民的生活经济和意识有关。

柱、构架临时支撑情况如图 3-15 所示。

图 3-15　柱、构架临时支撑

3.3.3.2　修缮工艺存在的问题

A　宅院修缮工艺缺乏真实性

龙潭古镇主要以民居宅院居多，这也是古镇中占较大比例的群体。民居宅院的原始设计通常选择低投入、高性能的经验方法来建造房屋，如采用当地的材料和工艺方式。在一定程度上，可以理解为，民居宅院的最初修建可以维持家庭生活空间的良好状态数十年甚至数百年。然而，随着突然性的自然破坏和生活方式的不断变化，民居宅院的状态将会不可避免地发生变化。在修缮房屋的过程中，居住者也会受到现代物质文明的影响，使得在修缮过程中追求变化，必然与原有的生活方式产生矛盾冲突。对于已经损坏和老化的民居宅院，一些村民热衷于建造新房而不屑于对老屋进行修补，但更多的村民愿意修缮旧房屋，因此，龙潭古镇民居宅院的具体修缮工艺就成了主流问题。目前修缮现有民居宅院的主要问题是修缮过程缺乏真实性。这里的真实性更多地侧重于在修复过程中使用的材料的选择，是采用新材料以增加民居宅院的持续时间，还是使用旧材料的长期维护，即修缮用料在新材料和旧材料之间的自然属性的矛盾。选择的结果造成工艺选择也发生了变化。例如，在龙潭古镇永胜街的一处宅院里，户主在修缮工艺时存在的共同点就是真实性的丢失。街道外部完全采用现代住宅的形式，包括门窗选择。通过现场调查，采访该户主，得到的答复是：老式住宅是一所房子，由于代代的分家，房子被分成两户人家。随着人口的增加老房子不能满足当前的生活需要，加上房屋需要进行维护才能住人，所以采取了目前的修缮形式。由于经济原因，二楼已经无法修复，只能保持现状堆放杂物。通过访问当地用户，发现通常是不能满足生活条件的宅院被遗弃，一般性损坏的民居宅院则选择修缮的方式继续居住。具体的修缮过程受到新材料和新技术的影响，破坏了传统村落民居修复过程的真实性，这些问题十分普遍。对于窗户的修复，传统民居的窗棂拼接是用木质材料通过榫卯穿插完成并用简单的吉祥图案装饰。如今，当地民宅的修缮工艺认为新旧棂条拼接十分费事。好的情况就采取整扇新做的办法，这种方法是根据旧构件的风格制作的，有的甚至直接更换成现代的窗体形式。

图 3-16 所示为破坏了修缮过程真实性的现代门窗。

图 3-16　破坏了修缮过程真实性的现代门窗

B　修缮工艺条件不足

龙潭民居宅院的数量最多，其修缮工艺条件十分不平衡。一方面，随着现代社会的发展，龙潭古镇流动人口有所增加。据统计，2012~2016 年，登记人口为 10 余万人，常住人口不足 6 万人。数据反映了人口迁出的事实，师徒传承出现的局限性就是师傅收不到年轻徒弟。龙潭古镇劳动力外迁和修缮工艺传承受限，

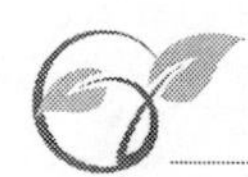

大多数民居维修都是在没有工程队的帮助下自己组织进行完成，没有专业的团队指导，居民根据现有材料、修缮工艺来完成。此外，修缮时间不集中，造成工艺十分粗糙、维修时间短、维修过程简单。许多当地居民的修缮意识很差，他们自己也不了解修缮工艺，再加上经济现实状况，他们大多选择便宜的材料进行修缮和维护。经过很长一段时间，大家自主的修缮工艺盛行，反倒成为流行。虽然，也有一些人具有良好的修缮工艺意识，但他们的模型太少，无法得到大多数群众的认可，也不适合大多数群体。因此，户与户之间的不平衡越来越显著，工艺条件也越来越不平衡，这种不平衡也可从建筑修缮的外观失衡看出。窗户的修缮，受到传统修缮工艺匠人的指导，采用用薄木条做成框子，然后安装在格扇心形背面的增加方式，安装厚 0.2～0.3cm 的磨砂玻璃，框子棂条与原棂条方向一致，从外部是不易发觉的，可以保持原来修建时的时代特征。而对于不熟悉修缮工艺的部分民居修缮，只能采取全部换新或者随意拼接的方式进行修缮。

C　修缮实施过程混乱问题普遍

修缮工艺实施过程的混乱问题主要体现在两方面：一方面来自民居宅院户主自行的修缮工艺实施过程混乱；另一方面来自施工团队的混乱。龙潭古镇民居宅院修缮的实施过程大多由户主安排，传统民居住房多，面积小、不分户、无起居室以及质量参差不齐。随着社会的发展，人们的生活方式发生了翻天覆地的变化，传统民居的原始设计功能已经无法适应当今的生活，一宅多户开始流行起来。在民居宅院的具体修缮过程中，居民对修缮完整性的认识相对较差，不懂修缮险情的顺序，也不了解修缮工艺的分类。因此，经常会出现混乱情况。有时，会用快要倒塌的二层墙体木质面板来修复一层地面，二楼就这样被视为废弃空间。只顾能够满足现在的生活状态，对后期修缮的工作没有太多考虑。一些稍有经济能力的民居宅院户主，他们会聘请当地经验丰富的师傅协助户主一起修缮，临时组织团队在没有标准化系统和系统修缮过程的情况下，完全根据经验进行修缮。小型施工队伍的修缮，修缮项目施工较为随意，施工场地较为分散，施工期严重不均衡，有超过一两个月的，也有不到一天的。他们中的大多数没有经过正式的专业设计教育。受到自身资历和管理水平的制约，大多数建筑工人是从社会招聘的，技术水平参差不齐，也会出现忽略传统民居的原始数据，对原有的数据资料不及时记录，产生资料记录混乱、资料丢失的现象。这样的小型施工队伍导致整个施工过程的工程分类混乱，延长了民居宅院的修缮周期，导致户主失去信心而又转向自己进行修缮的过程，从而导致恶性循环发生。

3.3.4　重庆酉阳县龙潭古镇传统村落民居建筑现有的修缮工艺

3.3.4.1　木质构架修缮工艺

传统民居木作修缮是龙潭古镇应用普遍的修缮工艺之一。无论是具有历史文

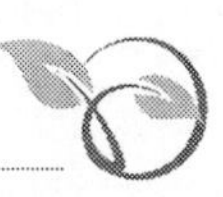

化纪念的典型大型四合院落，还是普通民居宅院，木框架一直都用于支撑整个建筑。民居宅院作为比例较大群体，不管是在整个传统村落民居群体还是作为建筑本身，都必须重视木质构架的基本修缮工艺，以避险情。重庆民居院落木结构采用传统的穿斗式。在修缮过程中，应该仔细检查大型木制工程，特别是支柱和横梁这类承重结构的修缮。首先，在具体的修缮过程中，木框架的抢救措施非常重要，家家户户都应该掌握，这样才有利于及时有效地保护本土民居形式。这项工作看起来似乎很简单，但实际并非如此。因为每个结构部件的损坏程度不同，例如，梁架歪闪、柱子腐朽折断、楼板承重有损，需要立即采取抢救性措施。比如说利用圆木、方木、木板来支撑歪闪方向。如果发生特别严重的损坏，对于这种情况，内部人员需要搬到安全区域，对部位构件拆卸并编号（图 3-17），等待后期修缮。对虫蛀腐朽严重的木构件需要及时进行更换，对有局部虫蛀仍然能承重的木构件，应选用适当药品对木构件进行注射，达到杀虫灭菌，并结合药物注入虫眼和表面涂刷的方法，新换的木构件在替换制作之前同样需要用同种药品浸泡。在施工过程中，施工方需要在更换严重损坏的大型木制部件之前进行有效的修缮。支柱是垂直承受上部载荷的构件，它是构成建筑物的最重要部件之一，它也是房屋整体梁的下部支撑构件，经过风化腐朽和蛀空的危害，会产生柱子下沉、歪闪、糟朽等常见现象，对于这种情况具体操作可参照《古建筑木结构维护与加固技术规范》标准。

图 3-17 结构修缮构件拆卸同时编号保存

3.3.4.2 木质墙体与楼板、装饰构件修缮工艺

木板墙是重庆传统民居宅院常见的墙体形式，它通常位于房屋内部的横梁上，被用作梁架间的柱子和柱子之间的木板壁，用作隔墙隔断空间，两根木柱之间是没有负载的。在具体的修缮过程中，有必要根据实际损坏情况确定哪种更换

形式，一般情况分为局部剔挖凿补、局部木板更新替换、大面积木板墙更新替换、木板墙带门窗整体替换以及其他材料替换修补。木板条能修正应尽量修正，首先用木条镶补，然后用胶粘剂黏合，再刷桐油。在情况严重的状态下，只能按原来的系统更换坏木板，厚度不得小于 3cm，然后再刷生、熟桐油两遍。由于大量重物堆放在二楼，承重超载的旧房子的二楼易遭到损坏。由于原木磨损严重，再加之受家庭环境和经济能力的限制，屋主大多在一楼居住而舍弃二楼的修缮。在具体的修缮过程中，可以选择使用成本较低的杉木材料，根据原材料杉木的直径修正面板进行铺设和布置，宽度和长度不需用固定尺寸。楼板的宽度以原材料树的大小来决定，楼板的长度在 80cm 左右，厚度略薄，约为 3cm。如果长度为 1m、1.2m，厚度稍厚，厚度为 4cm、5cm 左右。壁板和楼板根据原料树的大小以相同的方式排列，没有固定的模式，根据实际情况进行，壁板与墙之间没有间隙。

门窗是传统房屋获得日光的重要途径。由于山地地形的影响，传统房屋的门窗受气候限制，修复频率普遍高于其他民居门窗。门窗的修复过程主要体现在牢固修缮、装饰修缮。由于时间长、开关频繁，门四框的边挺、抹头榫卯十分容易松脱，整体门发生扭闪变形。修理时应整扇进行拆落，进行归安方正，接缝处重新灌胶粘牢，在门后部的接头处加固薄铁板，将铁板放在侧面并与表面齐平，最后用螺栓钉牢。一些屋主对民居保护意识不强。他们在原有的墙上打开窗孔，并安装铝合金窗户，窗户周围的损坏部分使用标准砖（120mm×240mm 红砖）填充进行密封，然后将水泥砂浆弄平。开窗户虽然改善了室内通风和照明，但却对建筑物墙壁造成严重破坏。其他装饰部件的修复过程需要满足与原始部件一致的种类、材料和颜色，并利用榫卯结构按原样修缮。如果木质部件的损坏图案的比例大，这时则需要根据受损部件的尺寸单独绘制，并且将已校正的现有部件外形正确地绘制在大平台板上，移开原构件，应将大样残缺的部分的构件补画在大样平台上，补画部分应与尚存之图案、尺寸相符合；每个修复部件应根据大样品制作，原始部件应在制作结束后组装在模型平台上。有不合适的地方及时进行修理，直至达到要求为止。这种部分修复组装方法也适用于翻修民居中家具的修缮工艺，以修补和填补工艺来完善家具的功能，如躺卧类、椅凳类、摆放类、盛装类等。

残缺部分与原构件组装如图 3-18 所示。

3.3.4.3　屋顶修缮工艺

屋顶即屋盖，建筑物外面的屋顶起到隔热、防晒、防雨水和积水的作用，是房屋的主要支柱。重庆的传统民居主要是木结构。只要房屋没有漏水，木材就不会腐烂，房屋也不会倒塌。因此，屋顶防漏的修缮工艺显得尤为重要，这关系到

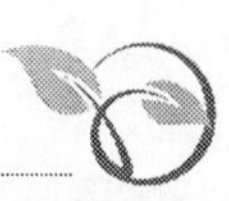

图 3-18 残缺部分与原构件组装

整个房屋的使用寿命。屋顶的具体修缮主要包括经常性修缮和大规模修缮两个方面。经常性修缮需要住宅房屋负责人进行积极主动和定期的检查，这种方法也是杜绝大患来临，不至于到时候措手不及，包括除草清垄、查补雨漏、整修檐头和齐檐。除草清垄要求在拔草时做到连根拔起以防止杂草继续生长。在拔草过程中发现局部漏洞需要进行抽换底瓦，特殊情况下需要更换盖瓦，进行重新挖补工作。整修檐头和齐檐的修缮工艺在生活过程中也得到了积极的观察，檐头和齐檐得到了修复，一方面有利于屋顶的整洁，另一方面也能防止散落的部分掉落，造成雨水泄漏。徽州民居屋顶修缮中，在屋顶盖瓦过程中的往往铺灰缝隙，一方面可以防止鸟类筑巢，另一方面可以防止渗漏。这种修复过程的局部改进，其实也可以作为重庆传统民居屋顶修缮时的参考，并从中得到启发。在传统修缮工艺的基础上结合当地实际情况完善修缮过程是非常重要的。

3.3.5 重庆酉阳县龙潭古镇传统村落民居建筑修缮工艺传承

重庆市有 60 多个传统村落，主要集中在酉阳、秀山、彭水等地，传统村落民居较多，但能得到真正保护的民居建筑相对甚少。一般性的民居宅院数量颇多，占据了传统村落民居的绝大多数，显然是不可能完全依靠政府资金而不采取任何措施来进行修缮保护的。传统村落民居需要户主自己用心，因为自己的房子户主对实际情况更加了解，让住户了解一般关键部件的修缮过程，鼓励户主主动和定期进行修缮，特殊修缮工艺户主可以不掌握，但也应掌握常见基本性修缮工艺，以便在等待专业人士修缮的同时可以做到险情不恶化民居，得到及时有效的防御，只有双方共同努力才能共同使修缮工艺得到传承。传统的民居修缮工艺需要被传承下来。修缮工艺历经百年，正面临着经济时代的残酷挑战。政府需要重视传统民居修缮工艺的社会传承是传统民居保护的关键，设计师和施工人员应该在修缮工艺的具体操作中发挥所学专业作用。可以通过走访、拍照等实地考察的方式记录修缮工艺，弥补文献书籍缺失的民间修缮工艺。传统的修复过程是民族社会发展的结晶，体现了古代手工艺术的价值。具有良好修缮技术的社会遗产需要与新材料和新技术相结合，不断创新、与时俱进才能得到更好的保护与发展，才能跟随社会发展的节奏。只有传承好修缮工艺、扩大影响力，将修缮工艺传承到社会中去，才能更完备地保护好传统村落历史文化遗产，使其源远流长，让其不断散发出智慧的光芒。

4 农村土木建筑的综合利用

4.1 普通利用形式

农村建筑的主要形式除住宅外，还包含行政、文教、卫生、商业、服务性等公共建筑，以及饲养、加工、储藏、修理等生产性建筑。随着农村经济的发展，还出现了温室、塑料棚、养禽场、养猪场、养牛场以及各类仓库、厂房等较大型的生产性建筑。各种建筑的设计和结构也有很大进步。这对满足农村居民日益增长的物质、文化需要，逐步缩小城乡差异，具有积极意义。

4.1.1 居住建筑

居住建筑是农村居民组织家庭生活和从事家庭副业生产的场所。其形式和内容，一方面随自然条件、建设材料、经济水平和风俗习惯等的不同而千差万别；另一方面又因农村居民生产、生活基本要求的一致性而具有共同的特点。一般而言，中国农村住宅的功能要适应家庭生活和进行农副业生产的双重需要。除生活用房——卧室、堂屋（家庭共同活动的房间）、厨房、储藏间和卫生间等外，还应包括生产用房间和一些辅助设施——饲养间、工副业加工间、仓库、暖房、能源和取水装置等。在不同民族居住和从事不同专业生产的地区，对住宅的辅助设施常有不同的要求。以下从建筑布局、造型和装饰、建筑材料和构造方面进行说明。

（1）建筑布局。中国北方农村的传统住宅多为平房，平面多采用对称布置，以房间组成“四合院”或“三合院”的形式。新建的住宅平面多采用非对称布置，或以正房（一般为北房），配以东（或西）房，或只建一排正房的形式。宅基多为矩形，院落一般可分为前院、后院或者前后两院兼有。南方农村的传统住宅既有平房，也有楼房，平面有对称和非对称两种布置形式，宅基多为不规则形式，常以房间围成天井。院落有前、后、侧院之分。新建住宅逐渐采用楼房形式，宅基趋于规整。地处丘陵、山区、水乡的农村住宅，则依山傍水，采用平房、楼房结合，布局形式富于变化。其他如黄土高原地区的窑洞住宅，西南山区的“干阑”住宅，西北地区利用地面上下构筑的土木结构住宅等，在结合地形、地貌，适应自然条件和利用地方材料等方面各具特色，为中国农村住宅建设增添了异彩。

（2）造型和装饰。北方天高气爽、寒冷干燥、环境开阔，住宅布局严谨规

整，造型浑厚庄重，建筑物线角平直，多在屋檐、门窗局部加以装饰，色彩常以材料的原色为主，少加或不加装饰。南方气候炎热、潮湿，环境富于变化，住宅布局自由，配以挑台、外廊，造型轻盈、曲折而富于变化，装饰色彩对比鲜明。少数民族地区的农村住宅都具有浓厚的民族特色，其中尤以藏族的碉房、傣族的竹楼、蒙古族的毡包，以及带有西亚风格的维吾尔族住宅最为突出。由于这些民族或处于边陲，或处于古代交通要道，这些住宅的造型和装饰大多融合了多民族的特点。

（3）建筑材料和构造方面。不同的建筑材料从细部塑造与彰显了建筑景观的风格，或质朴凝重，或轻盈通透。各地域与自然长期共存的生活中，在建筑景观创作中已经形成了较统一的建筑材料使用方式。

农村住宅的建造主要以就地取材为主，采用传统的构造方法。主要形式有：

（1）木结构。分布面广，易于加工、运输和安装，既可做承重构件，又可做围护构件。有北方农村常见的梁、柱（梁架式）构造和南方农村常见的檩、柱（穿斗式）构造等。中原山水园林中的木构建筑多取材精良，甚至远途运输，精雕细琢，尽显大气稳重之美；西南建筑景观中的木构景观建筑则往往就地取材，无过多修饰，展示质朴之美。

（2）土结构。分布较广、施工方便、造价低廉、利于隔热保温，有天然土拱（窑洞）、土坯叠拱、土坯墙和夯土墙等，如黄土连天的岩土窑洞高坡。而高山谷地区发展了多元的建筑材料，使得诸如黏土、毡布等材料的古朴、原始感在构筑物中发挥得淋漓尽致。

（3）混合结构。材料以黏土砖和混凝土制品为主，因其具有坚固耐用、节省木材等优点，成为近年来农村住宅逐步推广的建房材料。此外，在盛产竹子、易于取石的地区，也常用竹材和石材建造住宅。在滇西北地区，沉积岩地貌使得当地人民对石材有天生的亲近感，用石材来砌筑建筑的方法世代相传，逐渐成为一种石文化因子，石的坚硬品质在他们的思维中形成了一种坚不可摧的意念，渗透于各构筑物中。

民居的建造技术更是因地制宜。连绵不断的屋檐叠合，通过或迎合地势，或结合自然能源而产生的技术，成为形式与功能结合紧密的特色聚落。大理白族民居中一种常见的山墙装饰——硬山式“封火檐”，是用一种特制的薄石板封住后檐和山墙的悬出部分，可起到很好的防风作用。除防风外，硬山式“封火檐”檐部处理呈现出变化的形态，成为白族民居特有的语言形式。同样为防火作用的岭南大头旗镬耳屋，粤中地区典型的梳式布局使房屋呈现规范化的体量和布局，突出的耳墙突破了空间界限，独特的形制蕴含着独占鳌头的文化寓意，形成整体连贯起伏的聚落景观界面层次。大理白族民居的“檐廊”、丽江纳西族民居的“厦子”及藏族土墙板屋的“前廊”，均既能将阳光引入居住空间又能形成“阴影空间”不至于被晒伤。

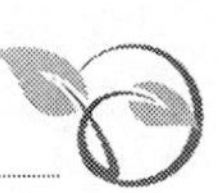

4.1.2 公共建筑

公共建筑是农村居民开展公共活动的场所，在组织、宣传、教育和服务群众等方面有重要作用。一般可分为以下几大类：

（1）行政办公建筑。如党、政、群众团体、企事业单位的办公建筑。

（2）教育福利建筑。如各类学校、幼儿园、托儿所、敬老院等。

（3）文化科学建筑。如影剧院、书场、展览馆、图书馆、科技站、文化站（文化中心）、体育设施等。

（4）医疗卫生建筑。如卫生院、医疗站、防治站等。

（5）商业服务建筑。如供销社、百货商店、收购站、集贸市场以及邮电所、储蓄所、旅馆、饭店和综合服务店等。

（6）公用事业设施。如火车站、汽车站、水运站、变电站、加油站、消防站、供水设施、污水和污物处理站，以及殡葬建筑等。此外尚有纪念性和旅游性建筑等。

公共建筑的项目、规模和内容，常根据农村居民点的性质和分级标准加以配套，并且随生产的发展和群众文化生活水平的提高而不断完善。因此，它的建设水平在一定程度上反映了农村建筑的现代化程度。一般具有以下特点：

（1）综合性。农村公共建筑一般规模较小，而建设项目又要求比较齐全。为方便农村居民的使用，有利于组织管理，并使之充分发挥效益，通常把性质相近、联系密切的用房成组建造或设在一幢建筑物内。如集镇文化中心将文化、科技、宣传教育、体育等活动的用房和有关设施集中成组建设；综合服务中心将商业、加工、修理等各种服务项目修建在一起，成为综合服务楼等。

（2）多功能性。为充分发挥建设项目的使用率，提高其经济效益，以适应农村居民活动的季节性和集中性特点，农村中的一些公共建筑应具有一房多用或便于灵活分隔的可能。如集镇影剧院除演出、放映外还可兼作集会场所，宣传、展览用房的空间在使用上有较大的灵活性等。

（3）基地性。农村公共建筑由于其规模、设施和经营项目等的不同，其服务半径常具有明显的差异。如乡镇政府所在地的公共建筑既要为当地居民服务，又要发挥所属范围内经济活动的基地作用。又如集镇文化中心的规模和设施既要考虑为全乡范围内居民服务，又要发挥其在更大范围内组织、普及和提高科学文化的职能。

4.1.3 生产建筑

生产建筑指农村个体和集体劳动者从事农、工、副业生产活动的场所。按其

生产特点可分为两类：一类是为发展现代化农、牧、渔业生产而建立的各种厂房设施，主要包括育种厂房、温室、塑料棚、畜禽舍、养殖场、种子库、粮库、果蔬储藏库、农副产品加工厂、农机具修配厂等生产性建筑；另一类是为城市工、商、外贸等服务的加工厂，主要包括机具修配厂、手工业工厂、城市某些工业的加工厂和轻工业工厂以及建筑材料厂等。这类建筑一般具有以下三个特点：

（1）分散性。由于农村经济核算单位和产品批量一般较小、经营分散等原因，常使生产用房散布在各村镇而不是集中建厂，甚至有的需要在农户宅院内进行生产。

（2）多功能性。由于农、牧、渔业产品的收获、加工等具有时间性、季节性，厂房应能满足多种生产用途的需要，以便充分发挥厂房的综合效益。如农产品和经济作物的初加工用房、储藏用房，就具有这一特点。

（3）小型化。农村中的农、工、副业生产因受技术条件、服务范围和原料来源的限制，多数规模较小、设备轻便，因此一般只需小型厂房即可满足生产需要。

4.2 传统乡土建筑的利用

乡土建筑是我国各地区带有明显地域特征的传统建筑的俗称，其存在是由各种不同类型、不同功能、不同性质的建筑组合成一个完整的系统，形成乡村聚落。广义上讲，凡是带有地域特征的建筑，都可以称为乡土建筑。狭义的定义就是中国古代的农村建筑，包括宅第、祠堂、寺庙、书院、作坊、商铺、戏台、桥梁等。这些建筑是村落的基本单位，它们构成了乡土建筑的整体，由于受不同的自然环境、经济条件、文化传统和生活习惯等诸多因素的制约，在漫长的发展过程中，受到当地生产力发展和生活水平变化的影响，从而形成了独特的地域风格。乡土建筑的着眼点不仅是单体文物，而且注重整体性历史环境及文化传统，是为适应当地社会和人们生活习惯、审美观念需要的较有代表性的传统民居。

保罗·奥立佛在《世界乡土建筑百科全书》中指出了“乡土建筑”的几个特征：本土的、匿名的（即没有建筑师设计的）、自发的、民间的（即非官方的）、传统的、乡村的等。

首先，从地域上讲，乡土建筑是在乡村的，有别于城市建筑是与生产生活相关的建筑；其次，从时间上讲，它形成于封建家长制社会时代及手工业农牧业时代，即传统的；最后，从使用功能上讲，它包括住宅、寺庙、祠堂、书院、戏台、酒楼、商铺、作坊、牌坊、小桥等。概括为以下三点：

（1）它处于农村，处于稳定的农业或牧业地区。

（2）它形成于封建家长制社会时代。

（3）它形成于手工业农牧业时代。

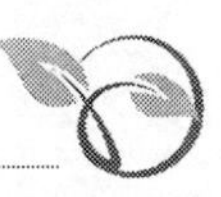

中国幅员辽阔、民俗各异，传统村落各地不同，乡土建筑更是千变万化、十分复杂。一个个村落能反映各地不同的文化传统和社会特色。这些建筑都与几千年来中国各地的乡土生活密切相关。目前保存较为完好的乡土建筑群有山西灵石静升镇、湖南张家界石堰坪村、安徽黟县宏村镇、四川丹巴中路乡。

在新农村建设的时代背景下，新农村建设为乡村旅游奠定了基础；同时，乡村旅游的发展也促进了社会主义新农村建设，发展乡村旅游、积极开发乡村旅游资源在新农村建设的背景下更具有时代意义。乡村旅游以乡村景观为主体，融自然景观与人文景观为一体。具地域文化、地域特色的人文景观是乡村旅游景观有别于其他形式的旅游景观的特点之一。乡土建筑作为地域文化的一部分在乡村旅游景观中扮演着重要的角色。一方水土养育一方人，一方文化塑造一方建筑，乡土建筑以其特殊的符号展现不同地域的地貌、气候、文化、建筑材料、构造方式、传统技术等，使得乡土建筑在乡村旅游中发挥较大的作用。

4.3 农村土木建筑经济发展——乡村旅游

随着城市化进程的加快、人们旅游消费需求的转变以及社会主义新农村建设的推进，我国的乡村旅游进入了飞速发展时期，民宿、农家乐、民俗村、特色小镇等旅游类型层出不穷，到乡村地区游览观光的游客数量大幅增长，推动了文化交流和当地经济发展。

4.3.1 民宿

民宿是利用自用住宅空闲房间，结合当地人文、自然景观、生态、环境资源及农林渔牧生产活动，以家庭业方式经营，提供旅客乡野生活的住宿之地。

旅游民宿具有下列特质：提供私人服务，与主人具有某一程度上交流；具有特殊的机会或优势去认识当地环境或建筑特质；通常是产权所有者自行经营，非连锁经营；给游客提供特别的活动；较少的住宿容量。

由于乡村旅游民宿分布在广大农村，而且多数是农民自发经营，投入的盲目性和发展的无序性在很大程度上制约着这一饭店形态的发展。我国乡村民宿在迅速发展的同时，许多问题也显露出来。

（1）缺少规划，破坏乡村地景风貌。目前在乡村民宿的规划上存在着严重的滞后性，多数农户自发投资建设乡村民宿来满足市场的需求；配套设施建设明显不足。乡村民宿盲目建设、重复开发、环境破坏等现象严重。为给游客提供良好的观景点，业主任意增设相关设施，虽然个别民宿提供了良好的视野，但另一方面，从其他的视觉角度来看，却产生了视觉障碍，同时也有山坡地保育的问题；整体上，更是破坏土地利用的秩序性。

（2）缺乏农村文化内涵。由于许多乡村民宿的经营者，一般都是看到别人开办乡村民宿经营状况良好后，跟风而上的，部分业主以收购农民旧宅院改装来经营，事实上已脱离休闲农业的本质，没有农家生活文化内涵，对本土文化并没有深入的了解，与一般旅社、度假俱乐部经营无两样，缺乏道地的农家味；提供的产品形态上往往会出现单一性、单调性和雷同性，不当地引入都市文化，甚至造成与农村文化产生冲突，同时耗损农业资源，危及正统民宿的运营。例如安吉天荒坪的乡村民宿、景宁大均乡的乡村民宿，无论是从外观、内部设置，还是服务，都很难体会到本土文化特色。

（3）缺乏前瞻性、整体性的地域整合规划。民宿、休闲农业者各自努力，在区域的土地使用上，政府也缺乏前瞻性引导计划；经营者点缀式的发展，无法考虑消费者的多样化需求。目前各地的政府尚无一个统一的管理机构来对乡村民宿进行协调与管理，政府主导作用没有充分发挥，宏观管理力度差，造成在利益方面多头管理、各自为政的现象，有问题时无人管理、互相推脱的现象发生。经营者和游客的正当权利得不到保证，游客的投诉得不到及时解决。

（4）房屋及土地权属复杂，发展缺乏后劲。有些旧有农宅所有权属相当复杂，有的经营者为了扩大经营规模，甚至寻求在农地上新筑房屋，因而影响到农地的合理利用，破坏生产结构以及田园风貌。有的乡村至今都没有通路、通水，这直接影响了乡村旅游、乡村民宿的可进入性。有的已开发起来的乡村民宿因开发过度导致设施长期得不到改造和检修，存在严重的安全隐患。由于城乡文化差异，许多乡村民宿没有电话亭、停车场、购物场所等公共设施，给消费者带来了诸多不便，加大了乡村旅游者前往该地的心理阻力，在一定程度上阻碍了乡村民宿的发展。

（5）经营者素质不高，服务、市场意识低下。由于大部分的乡村民宿员工都是当地的居民，小农经济的自由散漫的生活和较低的教育水平，使得他们缺少服务意识，有些生活习惯特别是个人卫生习惯不能被城市居民接受。多数经营者只乐意对硬件升级，而对服务质量的提高不怎么注意，不愿在提高服务质量、创新特色、改善旅馆环境上下工夫，按部就班地沿着别人的老路走，不敢在原有的基础上有所创新。他们多数只关心自己的经营状况，而忽视整体的经济环境，更谈不上市场意识，几乎很少主动推荐自己的产品。

乡村旅游民宿发展的对策与建议：

（1）彰显地方特色，实施精品策略。当前游客追求个性化服务的意识不断增强，家庭出游越来越多，散客逐步取代了旅游团体而成为旅游市场的主角。他们较喜欢自主背包旅行，远离喧嚣的都市，深入乡村，融入当地居民的文化生活，真切感受其风俗习惯，因此，乡村民宿应富有乡土和地方特色，给游客带来不同的感受。一个别具一格的事物总会对人们产生深刻的影响，比如乌镇的民宿、嘉善西塘乡村民宿的老房子、老家具给人留有美好的回忆，并催生出再次造

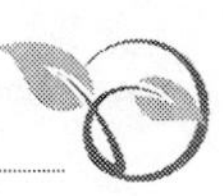

访的心理需求。

打造精品是很多地区乡村民宿发展突破的关键。可以从建筑环境、温馨服务、文化价值等方面进行开发，并促成其规模的做大，构筑乡村民宿群的精品。精品的塑造要考虑村落环境，要干净、整洁、安全、自然和谐，具备休闲度假特性，房屋建筑体现地域风情风貌，适当保留农村的木结构等，在保持原生态的情况下，增添浓厚的乡土气息十分有必要。

（2）研究游客心理，加强卫生意识。旅游者到乡村旅游，主要目的是换一种环境享受城市生活，所以乡村民宿在追求有乡土特色和地方特色的同时还要注意城市游客的心理感受。比如原汁原味的傣家竹楼，上边住人下边养牛、养猪，这样的原汁原味一般游客是无法接受的，必须经过改造，达到以乡村环境为基础、以自然感受为追求、以城市生活为实质的要求。作为为旅游者提供住宿及餐饮服务的场所，乡村民宿必须满足干净整洁的要求。现代社会人们越来越重视健康问题，人们的健康意识空前提高。如果有些地方卫生意识不够，会给人以较脏的感觉，使其旅游形象大打折扣，降低旅游者的重游率。因此，乡村民宿的布置摆设可以自由发挥、各具特色，但应干净卫生，使游客看了舒心、用了放心；同时，要始终保证客房安全，给游客一个舒适安全的旅游环境。

（3）制定有效规划，塑造良好形象。乡村中农民的住宅很多，投入少收益大的特点及其带来的种种好处吸引着众多农民发展乡村民宿，这就容易引起市场的无序竞争和混乱。各级政府应根据各地旅游业特别是乡村旅游发展的情况，有针对性地制订乡村民宿发展规划，并将其纳入旅游发展总体规划和县市区城镇发展规划。明确乡村民宿的发展地位，合理布局，形成有序发展的宏观格局，将农村自然资源、人文资源及产业资源进一步结合，规划成具有地区特色与优势的商品，展现农村固有魅力。可研制乡村民宿建设标准图例，指导当地群众改造和新建乡村民宿。标准图例应该符合外部建筑的特色和内部乡村民宿的基本要求，全面提升乡村民宿的建设水平。

（4）加大政府扶持力度，充分利用现代技术。对于许多农民来说将自己的住宅改造为乡村民宿仍是一笔不小的投资，为快速有效地发展乡村民宿，政府还应对其进行信贷、税收等政策方面的倾斜优惠，采取有效措施解决乡村民宿发展中的实际问题。对于具有显著特色乡村民宿的旅游村落，在进行环境建设、基本设施配套、整体促销、人力资源培训资金等项目上，应给予资金或贴息的支持。对于地域文化突出并有一定社会影响力的单体乡村民宿，也要在有关项目方面给予特殊补助。同时，政府部门要加强乡村的基础设施建设，只有基础设施改善了，才能使乡村民宿有更加广阔的发展空间。

乡村旅游民宿绝不是隔绝于现代信息社会的孤岛，要充分利用现代信息技术进行促销，扩大知名度。尽管单个的乡村民宿力量、资金、技术等有限，但可以

成立区域性的乡村民宿网站，统一对外公布信息，在介绍、预定、执行等方面形成规模经济效应。同时在政府指导下组建松散型的行业性协会或专业合作社形式的组织，统一乡村民宿的徽标和形象。行业协会有必要对乡村民宿进行技术方面的指导，可以就乡村民宿的服务内容、质量控制、服务形式、市场营销、收费标准、行业自律等制定相关协议，努力为乡村民宿的发展提供一个成熟的标准框架。同时，行业协会应成为地区性乡村民宿的集体代言人，维护和扩延乡村民宿的发展空间。

4.3.2 农家乐

农家乐旅游是以城郊农民家庭为依托，以田园风光和别有情趣的农家生活为特色，吸引市民来此休闲度假、观光娱乐、体验劳作的一种新型旅游活动。

经过这些年来的快速发展，农家乐旅游已成为部分城市郊区农民增收的新亮点。如北京、成都、重庆、上海、浙江等地，农家乐旅游已经成为市民周末休闲、娱乐的一种独特的旅游形式。

农家乐旅游是以“吃农家饭、品农家菜、住农家屋、干农家活、享农家乐旅游、购农家特产”为主要内容的一种新兴旅游活动，它体现了现代农业旅游自然、纯朴、宁静的主题，满足了人们走出城市、亲近自然的心理。农家乐旅游通常具有以下特点：

（1）乡土特征鲜明。这是农家乐旅游最为显著的特点，无论是作为旅游吸引物还是农家乐旅游的载体，村社组织、乡村生活和田园风光在农家乐旅游中都具有举足轻重的意义。农家乐旅游不同于文化古迹和风景名胜点，农家乐旅游是将农村风貌与乡土文化融为一体，展示的是现代农家特有的风貌，而非人工刻意雕琢的景观。通过农家乐旅游的休闲旅游活动，可以让人们亲身感受现代农民生活和农村乡土气息。

（2）平民性明显。尽管农家乐旅游的参与者中也不乏富人，但总体而言，农家乐旅游的主体主要还是以工薪阶层为主的城市或城镇平民和注重生活情调的知识分子。平民性特点强调，进行农家乐旅游活动的主体，是来自城市或城镇之中的居民，他们的身份和职业不尽相同，但收入水平和消费指向却有相同或相似之处。譬如在旅游活动之中，他们都比较倾向于带有生活情调的大众化项目和大众性消费。因此，农家乐旅游要在大众化、参与性、愉悦感这三者之间找到恰当的切入点和均衡点。

（3）原生美突出。农家乐旅游的对象物非常清楚，这就是现实存在于某地、具有一定的旅游吸引力、属于某种社会类型的乡村社区模式以及质朴自然的乡村景物。旅游者来这里，就是因为这些东西对他们来说可能是新鲜的和有体验价值的，是值得他们一看的。如果缺少了这些实实在在的东西，旅游者的旅游动机和

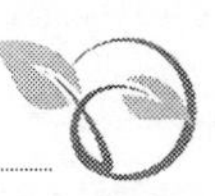

游兴就会大大降低，甚至彻底泯灭。因此，原生美特点要求农家乐旅游的吸引物应该是鲜明生动的和原生原味的，是真正农家的而非伪农家的或展览馆式的（如民俗旅游之中所呈现的那样）。

（4）参与体验性强。农家乐旅游有别于其他休闲旅游形式，农家乐旅游开展的各种类型的旅游项目就是农村日常生活的一部分，游客可以亲自参加农业生产劳动，参与赶牛犁地、播种栽苗、浇水施肥、松土除草等农事作业，体验农耕生活的辛酸劳累，同时也可参与采摘、收获、品尝等农业生产活动，让游人感受农业丰收的喜悦。

根据地理位置、生态环境、产品特色、主题特色等因素，农家乐旅游也表现出不同的类型。根据其所处地域情况分类：城郊农家乐旅游、农村农家乐旅游、景区农家乐旅。根据产品内容和类型分类：现代农业科技型、农村度假型、农家庄园型、民族风情型。根据农业主题特色分类：果农乐、花农乐、茶农乐、酒农乐。根据农业性质，农家乐旅游还可以分为农家乐、渔家乐、牧家乐和林家乐等。

目前我国农家乐旅游发展迅速，有些地区经营如火如荼，但是在农家乐旅游的经营过程中还存在一些比较突出的问题：

（1）项目建设普遍缺乏规划，盲目经营。有的农户看到人家做“农家乐”旅游致富了，自己也办起了“农家乐”。既不做市场调查，也不做规划设计，就用自己的农田、果园搞起旅游来。结果因低层次开发，品位不高、盲目竞争、相互杀价。有的“农家乐”旅游开发只重规模，不讲质量，粗制滥造；有的地方不对当地农村资源优势和风土人情进行认真调查研究，而是采取“拿来主义”，生搬硬套，不切实际，效果也不理想。

（2）经营过程中权责不明。在多方合作或联合经营过程中，必然涉及政府、投资者、当地村民等多方的利益和责任问题，由于分工不明确或协调不当，导致纠纷，“有利互相争，有害互相推”的现象不同程度的存在。权利和责任的松散结合，也易导致经营中的民事纠纷。

（3）经营项目单一，产品特色少、雷同多。目前国内“农家乐”旅游多集中开发休闲农业和观光农业等旅游产品，而对乡村文化传统和民风民俗资源的开发重视不够，过分地依赖农业资源，缺乏文化内涵，地域特色文化不突出。

（4）无序竞争。农家乐旅游与其他的旅游产品一样，存在明显的淡旺季差别，旺季时车水马龙，淡季时门庭冷落，造成资产闲置浪费。在这种情况下，有些管理不规范的地方就会出现农家乐之间、农家乐与饭店之间的不正当竞争，这类现象在景区的旅游饭店与农家乐之间尤为突出。出现这种现象的原因在于旅游饭店与农家乐经营者都没有认清二者之间的关系。

（5）基础设施不健全，对游客的吸引力不大。由于农家乐主要是建在城市郊区或农村地区，因此基础设施建设尚不完善，表现在旅游购物设施少、厕所简陋且卫生条件差，景区基础设施在数量和档次上都满足不了城市游客在食、住、行、游、购、娱等多方面的需要，使游客享受不到相应的服务，影响市民的出游热情。

（6）宣传促销不力，行业整体缺乏系统性营销策略。目前国内“农家乐”的促销仍然采用比较原始的手段，现代的营销传播手段采用的很少，使得“农家乐”的宣传面很窄，营销效果也不尽如人意。

（7）季节性成为发展瓶颈。农家乐旅游的季节性很强，存在着明显的淡旺季差别。另外，由于气温和气候的缘故，春季和秋季是观光农园的黄金时期，但是夏季和冬季的情况就不是很好，有的时候甚至全天没有一个游客。像采摘节、赏花节前后仅持续十几天甚至几天的时间，这就造成了旅游旺季特别短，淡季特别长，因而全年总计游客的数量比较少，旅游收入也就相应减少。

根据农家乐旅游构建的理论基础和其影响因素分析，将现有农家乐经营的众多形态提炼为九种典型模式，即“自主、分散”经营模式、“农户+农户”模式、“公司+农户”模式、“公司+社区+农户”模式、租赁和整体租赁模式、“村办企业”模式、股份制经营模式、个体农庄模式、“五体互动”模式。本章将对这九种模式的特征、优缺点进行研究，并对这九种模式进行比较评价分析。

4.3.2.1 “自主、分散”经营模式

“自主、分散”经营模式是指农户在自主自发的基础上，以每个农户为单位，分散自主经营，农家乐旅游的所有权和经营权合一，而不是通过委托或租赁等方式交给外来企业和个人经营管理农家乐旅游的一种模式。

这种模式往往是在一个村庄或一个地区内，由许许多多的个体业主利用自家房屋及农林资源经营农家乐旅游。一般提供餐饮、住宿、农林采摘及其他娱乐活动。若一个地区的业主多了，则由小业主形成大组群，使农家乐旅游在这个地区形成气候。我国的大部分农家乐旅游皆是以这种模式发展起来的，苏州市东山镇陆巷古村落农家乐旅游群就是以这种经营模式存在的。苏州市东山镇陆巷古村落农家乐旅游群是当地社区居民依托陆巷古村旅游景区及太湖资源，将自家房屋进行改建装修从而经营农家乐。目前，陆巷的农家乐业主的年收入比其以前只经营果园等项目增加了至少增加了 2 万元以上。

模式特征：

（1）经营权和所有权合一。采用这种模式经营的农家乐旅游，其经营权和所有权都为农家乐旅游业主所有。农家乐旅游业主不受其他投资者的约束，可以充分利用自家的农林牧副渔等资源来开发旅游项目，同时也可利用自家的宅院等建筑为游客提供住宿、餐饮及娱乐等服务项目。业主可将经营所得用于扩大农家

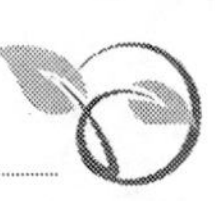

乐旅游的经营规模，也可用于别处，业主具有绝对的决定权。而地方旅游部门只是起到监督指导的作用，不能决定农家乐旅游的经营项目和发展方向。

（2）竞争环境相对自由，不存在垄断现象。采用“自主、分散经营管理”模式的农家乐旅游其规模一般都不是很大，各个业主之间的竞争相对公平，每个业主可根据当地的旅游资源、文化特色等开发建设自己的农家乐旅游，可能各个农家乐旅游之间存在雷同，但是无特别大规模的竞争者，使得每个业主都有机会参与到竞争中来，而不是每个农家乐旅游都是胜者，只有那些特色鲜明，不断根据市场改变或增加经营项目以能吸引更多游客、提供优质稳定服务并能做好营销宣传和经营管理工作的农家乐旅游才能在竞争中取胜。

（3）缺乏监督机制，业主需要有很好的市场意识。事实证明，如果在同一个地区的自主经营的农家乐旅游太多，其竞争也会很激烈，在竞争过程中，由于受当地旅游资源、经营者自身经营管理能力及其经济实力等方面的限制，其在面对竞争时可能会出现无法正确应对的状况，或者是采取恶性降低价格等不正当的竞争手段，从而影响农家乐旅游的服务及产品的质量和当地农家乐旅游的整体信誉和发展。如南京市高淳老街某农家乐旅游业主为降低成本，给游客的发票被游客证实为假发票，从而给高淳老街的整体信誉都带来了不好的影响。出现这种不良现象，主要是缺乏监督机制，旅游管理部门和地方相关管理部门对当地的农家乐旅游未能进行合理的监督管理。

4.3.2.2 “农户—农户”模式

“农户—农户”模式是“自主、分散经营”模式的延伸和发展。“农户—农户”模式是指在较早通过经营农家乐旅游富裕起来的农户的示范带动下，其他的农户也陆续加入到农家乐旅游经营管理中来，形成的农家乐旅游经营模式。

在一些乡村地区，农户对外来企业或者个人在本地投资开发经营农家乐旅游项目存在一定的疑虑和不信任，不愿意把自己的资金或者土地交给这些公司或个人来经营。相对来说，他们会更信任那些“示范户”。由于与“示范户”不存在与外界企业的利益冲突和文化差异问题，因此，彼此融合的比较好，只要大家齐心协力、协调好彼此的关系，发展会比较迅速。

湖南汉寿县的“鹿溪农家”从2001年起开发乡村旅游，最初只有少数村民参与，在不到一年的旅游接待中，“开拓户”获纯利近万元，产生了巨大的示范效应，到2003年全村多户条件较好的农户参与旅游接待服务，还有不少农户为旅游提供特种家禽、绿色蔬菜、山里野菜、生态河鱼等农产品和参与民俗表演，逐渐形成了“家禽养殖户”“绿色蔬菜户”“水产养殖户”“少民俗表演队”等专农户旅游服务组织，吸纳了大量富余劳动力，形成了“一户一特色”的规模化产业，通过乡村旅游的开发，顺利调整了农村产业结构，实现了农村经济的良性发展。

模式特征：在“农户—农户”模式中，普通农户和“示范户”之间一般不存在隶属或参股关系。每个农家乐旅游业主独立拥有农家乐旅游的所有权和经营权。每个业主包括“示范户”在内可自行决定自家农家乐旅游的投资、经营项目及规模等。示范户对普通业主的经营起指导和示范的作用，但不具有经营管理的决定权。普通农家乐旅游业主的经营收入归其自有支配，无须向示范户缴纳费用，但所有的农家乐旅游业主都须缴纳一定的税收和地方管理费用。

在“农户—农户”模式中，普通农家乐旅游业主和“示范户”之间也会形成一个供应链，每个农家乐旅游都处于同进退的状态，这时就需要整个社区的农家乐旅游发展同步，一旦有落后的要不就是被淘汰，要不然就会带跨整个社区的发展。

4.3.2.3 “公司+农户”模式

“公司+农户”模式是以公司为牵头，吸纳当地农民参与农家乐旅游的经营与管理，并对农户的接待服务进行规范，实施统一管理，定期进行检查，从而保证产品的质量和服务的规范性的经营模式。

这种模式是我国在推进农业产业化进程中出现的一种以市场—龙头组织—个体农户为格局的生产经营模式。在这一模式中，通过吸纳当地农民参与农家乐旅游的经营与管理，在开发农家乐旅游资源时，充分利用农户闲置的资产、富余的劳动力、丰富的农事活动来丰富旅游活动，向游客展示真实的乡村文化。同时引进旅游公司或者其他有能力投资并管理好农家乐旅游的公司，公司直接与农户签订合作协议，明确各自的责任、义务和权利。公司负责经营管理、营销宣传、开拓市场，农户在接受公司的培训、按照公司标准配套服务设施后，负责提供富有特色的农家乐旅游产品，提供旅客住宿、餐饮和娱乐等服务。开发和经营管理所需的资金可以通过协商按照一定的出资比例，由公司和农户共同承担，也可以采取入股的方式，村民的房屋、田地和果园等个人财产都可以作价入股，按股分红。

成都市锦江区三圣乡红砂村采用“公司+农户”经营模式，利用花卉产业发展旅游，招商引资。目前，红砂村共有几十家大型花卉公司投资乡村旅游，大部分的耕地集中在花卉公司。花卉公司每年支付村民租金和保底分红，此外，出租土地的农民还可以到花卉公司工作。如此运作，红砂村不仅吸引了一批大公司、大企业前来进行规模化生产、集约化经营，而且部分农民也因此变成了股东，从单纯的农业生产中脱离出来，成了从事花卉生产的产业工人，或第二产业工作者。红砂村的道路、民居、休闲娱乐设施也在较短的时间内得到改造，农民的收入也较快增长。截至2008年底，红砂村景区已形成多家特色农家乐旅游。但是，

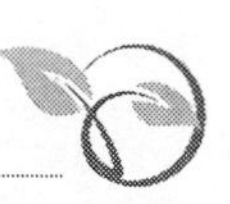

对红砂村旅游的可持续发展，特别是旅游品牌的打造，还需要做更多的工作。

模式特点：

（1）产权界定，权责分明。在“公司农户”模式中，经营权和所有权分离，经营权归公司所有，而所有权按出资比例由公司和农户共同所有。公司主要负责项目规划、建设、经营管理、营销宣传和开拓市场等，同时还负责对农户进行培训、监督；农户负责农家乐旅游的日常服务和工作。市场状况下的外部性靠特许费内部化，消除了无谓损失，加强了提高生产效率的激励，有利于生产力的提高。

（2）“公司+农户”模式的利益分配机制以公司为主体，农户的收入以土地和劳动的机会成本为底线，多于此底线的收入会被公司侵蚀。也就是说，这种模式与增加农民收入关系不大，但能增加就业机会。

（3）“公司+农户”模式建立在公司市场实力的基础上。一旦公司的实力和能力衰退或者有其他变故，这种模式将有可能解体倒塌。

4.3.2.4 “公司+社区+农户”模式

“公司+社区+农户”模式中的“公司”有两种情况，一种是社区外的旅游公司或者开发农家乐旅游的公司；另一种是由村委成立的乡村旅游公司，由村委决定旅游公司的管理结构和经营方向。“公司”负责本村农家乐旅游的经营管理业务，包括负责基础设施建设、营销宣传、接待并分配游客、监督服务和产品质量、培训农家乐旅游农户及定期与农户结算等工作。“社区”一般是指作为社区代表的村委会，或者是当地的农家乐旅游协会，在这个社区中，由全部农家乐旅游经营农户参加，村委决定村内一切有关农家乐旅游开发的重大事宜，负责与旅游公司的沟通与协作，若是本村成立的旅游公司，村委还需任命并考核、监督旅游公司管理人员、审查账务等。“农户”是指参与农家乐旅游经营的农户个体单元，农户在接受公司的培训后，在公司安排分配下接待游客，并接受公司和村委的监督，其经营所得须和公司及社区进行进一步的分配。

“公司+社区+农户”模式是“公司+农户”模式的改进和提升。在湖南浏阳市，有一个2001年成立的“浏阳中源农家旅游公司”，公司负责规划、招徕、营销、宣传和培训；村委会成立专门的协调办，负责选拔农户、安排接待、定期检查、处理事故等；农户负责维修自家民居，按规定接待、导游服务、打扫环境卫生。现在全村多家参与旅游的接待服务，保证了公司、农户、游客的利益，同时村级经济实力也得到了较大的提高，并改善了村公路，增加了公共设施。

模式特征：

（1）社区、公司、农户三者职责明确，利益分配均衡。在“公司+社区+农户”模式中，社区、公司、农户三者的职责较为明确，社区负责在总体开发上的规划管理，对于本村的农家乐旅游给予引导和支持，并提供如修建公路、铺设水电等基础设施；公司则主要负责选择项目，设计旅游产品和服务，并对农户进行培训和监督管理等；农户是生产者，负责生产高质量的旅游产品和提供优质的旅游服务，保证农家乐旅游的正常经营。三者职责明确、相互配合。而在利益分配上，一般采用利益分成的方式，农户向公司提交一定比例的经营收入，公司又向村委上交管理费用或者一定比例的利润，这种利益分配方式较为均衡，能够充分保障经营农户的经济收益。

（2）社区、公司、农户三者之间相互制约，保证了经营机会的公平与均等。社区、公司、农户三者之间存在一种相互制约的关系，村委可以监督公司管理人员，监督公司的管理是否符合社区的长远发展，公司管理人员通过对农户经营实行规范化管理保障旅游产品和服务的质量，农户和其他非农家乐旅游农户组成的社区可以对村委及公司进行监督。这种相互制约的关系既保证了管理人员的公平性，同时也保证了乡村旅游产品的质量。

（3）农家乐旅游经营管理的规范化、标准化。农家乐旅游农户如要从事农家乐旅游经营，需要按照公司规定的标准进行房间的装修和改造，并要通过公司的检查，同时还要接受公司的统一培训，培训合格后方可参与经营。团队、会议、散客的预订、接待任务等，统一由公司负责，此外，在采购、结账、菜单设计等方面，也采取统一管理。

（4）农家乐旅游经营的财务制度透明化。农家乐旅游的接待价格由旅游公司统一制定，农户对每次接待的游客人数、游客规格都有详细的记载，定期按照各家的接待游客数量统一从公司领取原材料，各经营农户和公司之间定期进行结算。保证了农家乐旅游的财务制度的透明化，从而保证了农家乐旅游经营各方的利益。

4.3.2.5 租赁、整体租赁模式

租赁和整体租赁模式在农家乐旅游的开发和经营过程中与前几种类型的区别都很大。

租赁模式主要是指有村民将自家的屋舍和田园直接出租给农家乐旅游经营农户，或者在村委的统一规划后，全村进行整体改造，将村民的房屋进行装修升级，再出租给单个业主经营的模式。在这个模式中，村民自己支付装修费用，租金也属于村民，村委只收取管理费用。苏州市越溪旺山农庄就是采用租赁模式经营管理的。旺山农庄是在越溪街道的统一规划下，以农户出资为主将农户的房屋按照统一风格进行修缮后并出租给农家乐业主，农民每年既可以租金收入，又可以在农家乐旅游中就业，从而可以获得更多的收入。这不仅提高了当地农民的收入，在建设和经营过程中也极大地改善了当地的环境，促进了基础设施的建设。

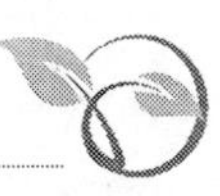

整体租赁是指在一个小旅游区或者村落里，由政府统一规划，授权一家企业在景区内集中开发农家乐旅游，或者将具有悠久历史的村落开发成极具卖点的农家乐旅游。企业能较长时间地控制和管理，组织一方或者多方投资，成片租赁开发，垄断性建设、经营、管理该农家乐旅游区，并按约定比例由村民和出资经营着共同分享经营收益。这是一种由地方和农户出资源，企业出资金，农企共享收益的农家乐旅游经营模式，是一种市场化经营的模式，体现了公共性及私有资源、企业化经营、专业化管理，市场化发展的特点，从而将农家乐旅游较快推向市场。

模式特点：

（1）所有权与经营权有效分离，是这一模式的核心内涵。在整体租赁模式中，政府的主要职责是编制旅游区规划，成立农家乐旅游景区专门的管理机构，对旅游景区日常经营管理及资源与环境的保护措施进行有效监督，协调农家乐旅游区开发经营与地方政府和当地居民的关系，并通过各种行政、税收、行业管理等手段对旅游景区进行直接或间接的调控。相应地，旅游景区的经营企业作为景区资产的经营者、市场竞争的参与者，要负责整个景区的日常经营，保证旅游景区的可持续发展，当然也要保证自身的收益。农户作为出租自家屋舍的一方，有收取房屋租金的权利，也有维护社区稳定和发展的义务。这样，在整体租赁过程中，农家乐旅游景区的所有者和经营者通过法律协议对各自的责权利进行合理、清晰的界定，各司其职、相互监督，共同为当地的发展作贡献。

（2）追求最有效的投资规模，是整体租赁模式的基本出发点。所谓有效投资规模，是指在一个相对独立的农家乐旅游区内，投资规模与实际到达该旅游区的游客总需求量之间适宜的比例关系。如果投资总规模大于游客总需求，则形成剩余投资，造成投资无法按期全部收回，其结果是旅游区内各投资主体进行恶性竞争，对旅游区的环境和资源进行破坏；如果投资总规模小于游客总需求，则形成投资饥渴，部分游客需求得不到满足，必然降低农家乐旅游的服务质量，造成投诉增加等现象。不管是投资剩余还是投资饥渴，都是无效投资。

因此，在农家乐旅游区整体开发之前必须做好对游客容量、游客的旅游偏好的调研，再进行科学的规划，从而达到最有效的投资规模，实现最佳的经济、社会和生态效益。

4.3.2.6 “村办企业”模式

“村办企业”模式是指由村委会组建的村有企业开发、管理的农家乐旅游经营模式，产权往往都是村委的。在农家乐旅游前期建设过程中，村委会结合本村和周边的自然资源及社会资源状况，出资聘请相关专家对本村的农家乐旅游发展进行规划和设计，并由村委会组建农家乐旅游公司，由该公司负责农家乐旅游的

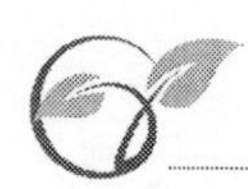

开发和经营管理。农家乐旅游项目的建设资金一般由当地财政拨款，或者申请专项基金，也可以通过村民集资或入股的方式来筹措资金，村民可以用自家的房产、土地使用权等作价出资。项目建成后，除少数管理和技术人员考虑外聘以外，一般的服务和工作人员都以当地村民为主。

上海市崇明岛前卫村农家乐旅游就是以村办企业模式经营的。由前卫村委会成立前卫村旅游服务公司，并申请旅游经营执照，村镇旅游服务公司通过制定内部的一些规章制度规范每个经营户的经营行为，对旅游资源和旅游信息采用集中管理、统一分配的办法，也即在经营中实行“四统一”管理方式，即统一接待、统一审计、统一分配和统一结算。村镇旅游服务公司承担所有“农家乐”经营户在旅游活动中的相关责任。所有农家乐旅游经营户都挂靠在村镇旅游服务公司名下，每年每个农家乐旅游经营户要把经营收入的30%上交村镇旅游服务公司。

模式特征：

（1）经营权和所有权相对集中。在“村办企业”模式中，农家乐旅游项目是由村委建立的农家乐旅游公司负责的，农家乐旅游公司负责从外部聘请相关的专家对项目进行规划和建设，建成后，本村的农家乐旅游的经营管理由农家乐旅游公司做出决策。农家乐旅游资源的所有权，大部分归农家乐旅游公司所有（即村委会所有），农家乐旅游的软硬件建设资金大多数是由村委会筹措的资金，即使农民以实物的形式参股，因为，作为农家乐旅游公司的一分子，其资源的所有权仍属于农家乐旅游公司。

（2）“村办企业”的企业组织结构相对完善。在“村办企业”——农家乐旅游公司中，因为是按照公司制采取经营和管理的，企业的组织结构相对完善，劳动力分工相对要细致些。在农家乐旅游公司中，有专门成立的管理层，一般由村委干部组成，业务推广部门和农家乐旅游服务接待部一般是当地农民个体家庭。只有在这些组织部门通力合作，并能不断学习外部先进经验的情况下，农家乐旅游公司才能走得更远。

4.3.2.7 个体农庄模式

个体农庄模式是以“旅游个体户”的形式出现的，农庄经营者通过对自己经营的农牧果场进行改造和建设旅游项目，使农庄成为一个具有完整意义的旅游景点区，从而完成旅游接待和服务工作。农庄的规模一般在几十到几百亩之间，甚至更大。农庄的土地或者是由农庄经营者出资租赁的，或者农庄内的农民以土地和房产等为股份的形式加入农家乐旅游发展中来。南京市浦口乌江镇帅旗农庄就是这种经营模式的典型代表。

南京市浦口乌江镇帅旗农庄，于2000年在南京市浦口区乌江镇落户，占地300余亩，前期农庄投入资金680万元，用于农业旅游、农产品及旅游休闲食品

加工和种植、养殖基地建设。现已修建道路，建有多个游客接待服务中心、休闲垂钓区、特禽养殖观赏区、水禽养殖基地、名特优水果母本园、沼气池、大小洗手间、停车场、农产品旅游休闲食品加工基地，园区内亭、台、楼、阁、道路、水、电、电话、有线电视等设施配套齐全。农庄可为游人提供参观、学习、观光、采摘、品尝、棋牌、垂钓、餐饮、购买、住宿等农业生态旅游服务项目。通过几年的打造，现已成为“浦口区农业结构调整示范基地”“浦口区十佳私营企业”“浦口区优秀民营企业”“南京市农业龙头企业”“南京市生态教育基地”“南京市农业科普教育”等。在帅旗农庄的示范下，乌江镇先后建成了几十个农庄，带动了当地土地流转，多名农民变成了产业工人。不仅如此，农庄还主动将原来与农民签订的合同租金提高了几倍，几年间，庄园加工及销售的各类农产品也已经达到了 300 多万元。

模式特点：

（1）经营权归农庄业主所有，所有权主体多元化。个体农庄模式的经营管理由个体农庄业主自己负责，业主对于农庄的规划、建设及经营管理等都由农庄业主自行决定，但是农庄内的土地和农户的房屋可能是从农户那租用的，也可能是农户以入股的方式参与到个体农庄的经营过程中，因此，个体农庄的所有权主体可能是农庄业主、农户及当地社区等。而地方旅游部门只是其监督指导的作用，不能决定农家乐旅游的经营项目和发展方向。

（2）利益主体为个体农庄业主。个体农庄模式的利益主体是个体农庄业主，产权支配下的利益分配机制决定了其利益主体是个体农庄业主。而参与其中的农户可以收取土地和房屋的出租费用以及参与农家乐旅游的工作收入。这种模式在一定程度上可以增加农户收入，解决部分剩余劳动力。

4.3.2.8 “五体互动”模式

“五体互动”模式也称为“政府+公司+农民旅游协会+旅行社+农户”模式，该模式充分考虑了农家乐旅游所涉及的几个关键利益关系者政府、公司、农民旅游协会、旅行社和农民，并充分发挥各关键利益主体的作用，从而使得当地农家乐旅游得到充分的发展。这种模式有利于充分发挥旅游产业链中各个环节的优势，通过合理分享利益，使各方能够密切合作又能避免因分配不公引起的利益冲突。

贵州省安顺市平坝县天龙屯堡文化村就是采用这种经营模式，发挥各家所长，利益合理分享，避免过度商业化，为可持续发展奠定了基础。在“天龙模式”中，政府负责规划和基础设施建设，优化发展环境，公司负责经营管理和商业运作，农民旅游协会负责组织村民参与地戏表演、导游、工艺品制作、提供住宿餐饮服务以及维护和修缮各自的传统民居，旅行社负责开拓市场、组织客源，有效地避免了农民从事旅游业可能造成的过度商业化氛围，最大限度地保持了当地文化的真实性，让游客感受真实而自然的淳朴民风。2007 年天龙村新增几十家游餐馆、农家乐等，多家从事地戏脸谱、屯堡服饰加工出售的公司，全村年销售屯堡文化产品产值 1400 多万元，农民每年收入有了很大提升。

模式特点：

（1）各利益主体权责分明。在“五体互动”模式中，各个利益主体各司其职。政府主要负责旅游总体规划、基础设施建设，并创造良好的投资开发环境，旅游公司负责经营管理和商业运作，农民旅游协会主要负责处理村民参与旅游开发的各项事宜，旅行社能够充分利用其网络资源优势，组织客源，农民作为“五体互动”模式的主要参与者，负责服务接待、特色产品的生产和民俗演出等。

（2）在利益分配方面，能实现多赢局面。在“五体互动”模式中，利益的主要来源为景区的门票、旅游服务和产品的收益等。这些收益针对各利益主体进行合理分配，可分为政府税收、公共性开支、村委会管理费和日常开支、农民旅游协会基金及旅行社市场拓展金等。这种分配方式兼顾了各利益主体的利益，能够调动各方的积极性，推进农家乐旅游的持续发展。

这些模式在实践过程中的适用情况并不是完全一样，也不是一成不变的。当农家乐旅游刚起步时，农家乐业主多采用“自主、分散”经营模式和“农户+农户”经营模式；随着农家乐的进一步发展、农业产业化的发展，农家乐旅游经营模式中出现了“公司+农户”经营模式；在经济相对较好，社区和当地政府的财政较宽裕的情况下，可采用“村办企业”模式、“公司+社区+农户”经营模式或者租赁、整体租赁模式；在当地旅游业并不发达的情况下，政府部门应该发挥更大的作用，指导农家乐旅游的规划和发展，在这种情况下，采用“五体互动”的经营模式，更有利于农家乐旅游的发展。

各地在发展农家乐旅游时，要根据自身的实际情况，在充分考虑各相关利益者的基础上，选择适合自身发展的经营模式，不能盲目照搬照抄，在实践中要学会变通。

4.3.3 民俗村

农业农村部为进一步推进生态文明和美丽中国建设，保护我国传统村落和特色民居，在 2015 年开始开展中国最美休闲乡村推介活动，现已经进行了 4 年，在 2015 年，经过地方推荐、专家评审和网上公示等程序，农业农村部在官方网站公布了 120 个 2015 年中国最美休闲乡村，其中分为特色民居村、特色民俗村、现代新村、历史古村。2018 年农业农村部贯彻落实 2018 年中央一号文件关于《实施休闲农业和乡村旅游精品工程》的要求，组织开展了中国美丽休闲乡村推介工作。经地方推荐、专家审核和网上公示等程序，推介北京市房山区东村等

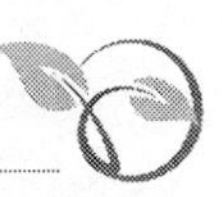

150个村为2018年中国美丽休闲乡村。

中国美丽休闲乡村推介活动，以推进生态文明、实现人与自然和谐发展为核心，以传承农耕文明、展示民俗文化、保护传统民居、建设美丽田园、发展休闲农业为重点，通过向公众推介一批天蓝、地绿、水净，安居、乐业、增收的美丽休闲乡村，进一步促进新型城镇化和城乡一体化发展，为推进社会主义新农村和美丽中国建设添彩。

加快建设美丽休闲乡村，打造休闲农业和乡村旅游知名品牌，对于传承农耕文明、保护传统民居、培育消费新增长点、增强乡村经济发展新动能、推动农业供给侧结构性改革、带动农民就业增收、促进新型城镇化和城乡一体化发展具有重要作用。希望被推介的乡村珍惜荣誉，加强管理，拓展农业功能，挖掘农耕文化，保护生态环境，改善服务设施，开发特色产品，提升服务质量，不断提升休闲农业和乡村旅游发展水平，切实发挥好示范带动作用，促进农业增效、农民增收、农村增美。各级休闲农业管理部门要进一步加强组织领导，完善政策措施，加大公共服务，强化宣传推介，培育一批知名品牌，让推介的中国美丽休闲乡村保持天蓝、地绿、水净，安居、乐业、增收的良好状态，成为发展现代农业、增加农民收入、建设社会主义新农村的典范，成为市民观光旅游、休闲度假、养生养老、回忆乡愁的好去处，为建设美丽乡村、健康乡村和美丽中国、健康中国做出新的更大的贡献。

民俗村是一种乡村经济的发展模式，也是中国山区农村经济发展又一途径，其主要特点是依靠当地山村的自然风景、人文景观、民俗文化、特色农产品等资源，通过发展特色民俗旅游和生态旅游，使山区内产业发展得到长足、稳定的效益，从而带动该区域经济的快速发展。我国民俗村旅游地区开展较早的是具有特殊自然资源和文化特色的乡村地区（如安徽省晓南地区的宏村和云南的西双版纳地区等）以及深圳、北京等一些大城市周边具有民俗特色的村庄。经过了近30年的发展，国内乡村旅游从无到有，规模从小到大，已逐渐发展壮大。

4.3.3.1 发展现状

A 我国政府对旅游业的重视

从整体上来看，在我国旅游已成为一件很普遍、很大众化的事情，而且民俗村也成为旅游业的新热点。政府部门选准时机，将民俗村旅游作为推进农村改革发展的重要举措，并形成了政府为主导、各部门积极配合，整体合力推动经济发展的新格局，形成了各具特色的地域品牌和发展模式。许多省市结合本地特色制定了相关的旅游标准，并坚持按制定的规划进行布局、建设和管理，推动了旅游的规范发展和逐步升级。

如江苏南京高淳区極溪镇兰溪村各级组织，依靠生态优势和慢城品牌优势，积极发展乡村旅游，每年吸引游客达100多万人次，农家乐经营户年经营性收入达500多万元，群众生活水平有了较大提高。兰溪村被誉为国际慢城的民俗村，其历史文化、建筑工艺都有很深的底蕴。这里有千年的古戏台、明末的雕花大梁，还有丰富多彩的民俗节目，如小马灯、大马灯、大山叉、跳五猖等。他们的道德意识也非常强，制定了相关的村规民约，推评一些道德突出的群众为代表，宣讲他们感人的道德事迹，从而带动全体群众参与，共同提升人们道德观念。这种正能量是非常强大的，他们安居乐业，幸福感很高，用鲜明的民俗民风将旅游事业发展的风生水起。

上海市金山区枫泾镇北部中洪村是一个特色鲜明的民俗村，它是中国农民画的发源地，在中洪村每家每户墙上都绘有农民画，这种独特的民俗文化给中洪村增添了一份鲜亮的色彩。

为了发扬金山农民画，中洪村建设了“金山农民画村”，吸收优秀的农民画家开辟画室，并加强对外交流。2008年，又广邀全国各地农民画家入驻中洪村，共同建设中国农民画村，形成了农民画“百花齐放、百家争鸣”的奇特景观，成为枫泾旅游发展的又一增长极，并被评为国家3A级旅游景区。除了特色文化，中洪村还开辟了特色产业。多年来，以“农民画”为依托，开发了旅游衍生品，开始走上了文化产业化的发展之路，制定了各项推动产业化发展的政策。

由于政府对旅游业的重视，甘肃省天祝藏族自治县的旅游综合事业蓬勃发展，县乡两级政府部门以“藏乡天祝，魅力天堂”新形象全力打造民俗村旅游胜地。通过发展旅游业，不断加大藏式改造力度，改善农家乐内外环境，着力提升旅游业接待服务质量和水平。依托小城镇发展的契机，积极发展商贸业，促进全村经济。天堂村以美丽乡村建设为契机，充分展示天堂村浓厚的特色文化气息。打造特色民俗村特有品牌，打造真正有魅力的特色旅游产品，体现出当地居民热情、好客的人文文化，丰富的餐饮和健康的品质，使游客深刻感受到天堂村“生态、民俗、休闲”的魅力。

B　民俗村建设成效显著

首先，从全国范围来看，在基础建设中，很多村镇首先进行道路硬化，只有道路平整、好走，才能使游客深入当地，来观赏风景、了解民俗；其次改善村镇居民的饮水设施，改进公共厕所的环境。民俗村旅游增加了当地农民的就业机会，使农民收入有了大幅度提高；民俗村旅游增强了人们的文化保护意识，进一步展现了传统文化、民间艺术、非物质遗产等作为旅游资源的经济价值；拓展了人们的思路，对旅游发展模式有新的认识和改变，加速了向城镇化转变的过程。这种旅游模式有效促进了国内旅游消费，扩大了产业领域，将传统旅游与现代旅游业完美结合，进一步丰富了旅游资源内涵。

如南京市高淳区桠溪镇蓝溪村修建了两座污水处理站，还有雨污分流处理、

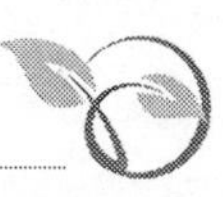

垃圾分集处理站，徽派建筑风格的公共厕所。全村道路硬化及村庄绿化工作效果显著。按照现代产业规模扩大化和产品多样化要求，蓝溪村开始发展比较有典型特色的主导产业。例如已形成了上千亩的有机茶、千亩早园竹等，并取得了很好的经济效益。2016 年的春茶销售在原有的不到 10 万元基础上，增加到了 200 多万元，为农民增收近 50 万元。除了上述之外，还增加了不少特色旅游内容，其中有古水车、古磨石、茅草屋、垂钓台、文化娱乐、风景游玩、果品采摘等。蓝溪村农民特色经济增收以特色产业发展为支柱。与此同时，发挥“国际慢城”的区域优势，招商引资有了新突破。截至目前，已成功引进企业多家。民俗村建设促进了当地农民集体增收。

4.3.3.2 存在的问题

（1）基础设施与公共服务建设较为滞后。政府投入的资金资远远不能满足基础设施的建设需求，因此大多数旅游地硬件设施较为落后，跟不上现代发展的脚步。通信设施也跟不上发展的进程，如天堂村现在的网络连通还未全面铺开，超市、藏家乐很多都没有联网，网络体系还是有些落后；缺少游客服务中心，游客在遇到一些经济问题时无法及时得到相关的解决，使游客遭受一些不必要的损失；未能规划好固定的停车场所，以至于车辆停放较乱，排污设施也达不到预期效果；卫生条件也比较落后，专业的高学历的医生相对还是比较少，与其他特色村相比相差甚远，尤其是与发达城镇相比差距是天壤之别。由于基础设施的欠缺影响到旅游开发进程和旅游质量；服务配套设施功能不全，设施建设、用地结构的管理和布局比较散乱，没有一个统一的标准；旅店的住宿环境也不够整洁、干净，饮食环境的卫生也做得不好，服务内容不够多，这些都还远远满足不了都市人的需求。

（2）旅游产品结构及类型单一、没有突出特色、品位较低端、服务系统不到位，不能满足市场需求。目前民俗村旅游开发深度不够，各地开发形式大众化，较为典型的便是以农家乐为主的旅游景点数量较多、较普遍，旅游以就餐、钓鱼和打牌为主，参与当地民俗活动的机会很少，大都停留在“住农家屋、吃农家饭、享农家乐”的层面上。在产品开发结构上，内容普遍较单一，而且产品不够精细，样式都是老几样，没有较为新颖富有创意的，并且经营形式粗放，经营市场布局不合理，功能不配套，总体上存在市场定位不准确，特色不鲜明等诸多问题。面对旅游者多种多样的需求，单调的旅游活动远远满足不了旅游者的需求。这些问题同样也存在于正在开发的许多民俗村旅游项目中，他们为了快速提高经济效益，盲目进行开发，缺乏科学、合理的规划指导，许多农村新建了现代二层小楼房，与当地自然环境极不协调。

（3）从业人员素质、服务水平较低。民俗村旅游大多位于自然风景秀美，但经济相对落后的地方，接待者是当地政府人员或是当地农民，经营者大多也是当地农民，很大一部分经营者思想较保守，没有远识，更没有现代经营管理的专业知识，自身素质相对较低，并且缺少对服务业的管理经验，缺乏监督意识，服务技能较差，影响了旅游经营模式和管理水平，导致餐饮、住宿、娱乐、安全、卫生等一系列服务机构不够规范。

（4）环境、政策、体制机制等有待完善。目前很多地方政府部门对民俗村旅游的性质和特征认识不充分，当地旅游开发基本上是当地居民自行发展的，没有统一的标准，所以，在开发上存在着杂、乱、散的问题。相邻行业之间协作不统一、不和谐，相关规章制度和管理体制机制不健全，环境改善和政府制定的政策有待完善。民俗村旅游发展所涉及的土地、民居、非物质文化产权等，在政策法规上还是空缺较大，用地、贷款、税收、工商管理、宣传推介等方面急需政策、法律支持。

4.3.3.3 民俗村旅游发展方向与原则

（1）倡导可持续发展。在现代旅游发展的大背景下，这些特色民俗村面临着诸多的问题。旅游开发中最为纠结的一个问题便是生态被破坏的问题。开发意味着有新的设施建设，需要占用大面积的土地，而这会使自然生态环境遭受破坏，出现耕地被占据、森林被砍的现象；同时现代化的建筑也打破了原有的生存环境，失去了原本该有的特色面目；人们的生活方式也会受到不同程度的影响。政府部门应当提前进行合理规划，适度开发用地，减少自然生态被破坏，使其不会对可持续发展构成威胁。在合理规划开发用地的同时还要科学地将原有的特色民俗保留并延续下去。应该将祖辈留下的传统文化融入到开发中，但也不能过于人为的改变，应将传统文化的原生态很好地保护并传承下去。只有保护好了我们的传统文化，才能长久地、稳定地、持续地发展下去。

（2）深度挖掘民俗特色。要挖掘民俗村特色，提高民族文化内涵，吸引旅游者。还要使民俗村自然原始的生态环境和独特的传统文化有别于其他的旅游景区，突出特色，不断提升产品的特有文化品位和经营服务水平。

（3）注重旅游活动参与性，吸引游客驻足较长时间。如藏族民俗村可充分利用自己独特的藏族文化和农事活动，丰富服务内容，让游客真正体验返璞归真。

（4）提高服务水平。做好基础设施及接待服务整合，优化当地旅游服务建设。如游客来到民族特色民俗村，第一眼便能感受到浓厚的民族气息，和优美的村落环境，使人能够心情舒畅。所以政府更应重视和支持，将未完善的旅游基础设施，尽快地予以完善。如村内交通系统，能够有统一的游览车，游览路线也要合理规划；设计印制民俗村观光路线图，让游客更方便地选择旅游路线；在村里

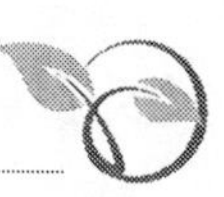

铺设污水管道，解决农户的排污水问题；优化村落环境，每家每户每天清扫自家门前村落道路，保持道路的整洁性；鼓励经营农家乐的农户改善配套设施，提高旅客“吃”“住”等环节的服务接待质量。旅游景地标识牌是很重要的环节，它是旅客的“指南针”，游客根据标示牌才能容易地找到自己将要去到的目的地。设计有特色的标识牌并放置在相应的位置，这会为游客的出行带来很多便捷，也可对旅游地服务设施增加色彩，处处体现出民俗风情。

旅游服务质量是旅游地综合竞争力的重要表现，是展现地方历史文化内涵、宣传地方文化、增强景区景点吸引力的有效方式，日益成为影响游客对目的地评价和满意度的重要组成部分。乡村旅游构建优质服务可以从两个方面展开：一是通过“道路交通+旅游”促进旅游的便利化。在展示乡村特色风貌、保护乡村生态平衡的基础上，提升道路的通达性和景观性，合理设置景观廊道、自驾车道和骑行、步行休闲绿道，完善驿站、驿亭、观景台和旅游厕所等公共服务设施，优化服务设施形象和道路交通标识系统，切实提高旅游便利化水平。二是通过“现代科技+旅游”促进旅游服务升级。随着科学技术的进步与积淀，“现代科技+旅游”正逐步成为一种新型的旅游业态。乡村旅游可以通过大数据收集游客行为、洞察游客需求，从而为游客提供精准服务。在旅游集散服务中心和景区，采用虚拟情景技术宣传、展示乡村旅游景点和文化内涵，从视觉、听觉、嗅觉、触觉等全方位展示乡村旅游地，为游客提供人机互动的特殊体验，引入景区二维码智能语音讲解或解说机器人等科技，以专业的智能语音讲解准确传递景区文化和品牌内涵，提高景区服务质量、增强游客满意度，促进旅游产业的可持续健康发展。

（5）加强合作共赢、区域联动。资源组合，发挥扩散效应。例如，始兴县乡村旅游单体资源多而散，缺乏规模和体量，难以发挥极大效应，因此必须进行资源组合。将乡村各种旅游资源和生产要素进行组合，依托乡村旅游地的核心和重点资源带动一般资源，发挥增长极作用，形成资源组合区，进而建设大型旅游景区或景区组团，充分发挥资源集聚作用，增强市场竞争力。纵向深度挖掘乡村优质资源潜力，充分发掘其特色吸引力，创新内容更新形式，合理确定开发主题，打造具有独特吸引力的乡村旅游精品项目，形成乡村旅游发展的增长极，发挥其极大效应，吸引游客；横向依托景观廊道、步道和绿道等道路及其服务设施建设，将沿线更多的旅游资源吸纳其中，构建乡村旅游轴线，带动乡村一般旅游资源的开发，发挥增长极的扩散效应，延长游客停留时间，从而促进整个乡村旅游地的经济社会发展。

1）线路联合，促进全域旅游格局成型。乡村旅游道路是连接乡村旅游各景点的重要纽带，同时也是乡村景观的重要体现，但在目前的乡村旅游开发中常常忽略旅游道路作为旅游吸引物的价值，没有充分发挥道路对旅游景点的串联作用。2016年7月，交通运输部公路局发布《关于实施绿色公路建设的指导意

见》，要求着力拓展公路旅游功能，强调因地制宜建设公路的同时，鼓励有条件的地段设置类型丰富、功能完善的公路旅游服务设施，使道路本身成为风景线。乡村旅游通过建设景观廊道、自驾车道、骑行步行绿道、游船道等道路及其服务设施（包括服务中心、驿站、驿亭、自驾车营地等），将景区联为一体，依托资源和地形条件，合理开发多类型、多场景的旅游线路，形成乡村旅游内部观光、休闲、骑行、徒步、科普环线和乡村外围自驾环线，不仅能促进全域旅游格局形成，同时也能满足游客的观光、探险、骑行、徒步、科普、自驾等多样性需求。

2）产业融合，延伸休闲体验服务价值链。大众旅游时代传统的观光旅游已经逐渐被观光休息体验式旅游所替代，消费者对体验的需求日益上涨，乡村旅游产品要逐渐满足消费者对参与性、娱乐性、休闲体验性的需求，迎合大众消费市场。而产业融合引导和延伸了乡村旅游的发展，是乡村旅游发展的必然选择，它能够延伸休闲体验服务价值链，满足消费者的体验需求，为乡村旅游的转型升级带来巨大的推动力。将拥有产业旅游休闲功能的农业、工业（特别是生活消费品工业）以及商业观光化、休闲化、创意化，促进乡村旅游与休闲相关的产业、行业融合，在传统物品价值链基础上，延伸出旅游休闲体验服务价值链，构建起“吸引—体验—商业购买”的旅游体验式运营模式，形成休闲农业生态—生产—生活“三生一体”、观光工厂历史—现在—未来“三段一体”、休闲商业文娱—美食—购物“三业一体”的体验式旅游产业发展模式，从而将农业、工业、商业与旅游休闲业有机融为一体，推动第一、二产业向体验服务业转型升级，并呈现集聚集群发展态势，形成产业基地、产业街区、产业园区、商旅综合体、田园综合体等产业集聚区，发展旅游特色小镇、工业旅游、工业休闲、商贸旅游、商贸休闲，增加产业附加值，丰富旅游业态，进而达到乡村扶贫，实现乡村振兴。

3）产业聚集，打造区域特色旅游品牌。乡村旅游产业的快速发展势必会扩大乡村旅游产业的发展规模，面对激烈的市场竞争，乡村旅游要提升区域旅游竞争力，就必须不断更新发展模式、打造区域特色品牌。而单个旅游产业功能相对单一，存在技术落后、资金短缺、发展空间小等不足，难以实现产业集聚效应和规模效应。乡村旅游产业集聚有利于发挥交通、资源、市场、资本等的综合优势，聚集化背景下的乡村旅游更容易形成规模效应，打造区域特色旅游品牌、增强游客黏性、提升整体竞争力。乡村旅游产业集聚不能一蹴而就，需要优先在旅游资源最丰富的地方，充分挖掘和依托旅游资源特色，通过“旅游+”的形式打造中心村和精品村，再串点成线、点线结合，逐步打造乡村旅游核心区，依靠乡村旅游核心区和完善的旅游基础服务设施吸引周围产业集聚，构建商旅平台，逐步形成点线面结合、产业文化融合、休闲度假康养一体、经济生态民生协调的旅游产业集聚区。此基础上，优化乡村旅游产业结构，以产带村、以产兴镇、产旅结合，形成品牌吸引力，推动乡村旅游规模化发展，进而实现乡村振兴。

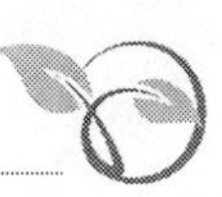

4.3.4 古镇（古村落）

古镇以其闲适的文化、恬淡的生活态度和怡然自得的生活方式正成为人们主要的旅游目的地，经过20多年的发展历程，古镇旅游取得了长足的进步和举世瞩目的成绩。随着体验经济时代的到来，人们的需求更加多元化和个性化，需求的不仅是物质结果，而是一种伴随旅游产品带来的不同寻常的经历或感受。目前，中国古镇旅游产品开发设计较多停留在观光层面，缺乏深度旅游产品，满足不了旅游者的深层次需求，因此古镇旅游产品迫切需要转型和提升。

4.3.4.1 古镇旅游类型

（1）以水乡特色为主。此类古镇的典型代表为江浙一带的水乡古镇，如乌镇、南浔、同里等，大自然和历史共同造就了江南水乡古镇，这些古镇处于太湖流域的江南平原，特殊的自然环境造就了江南古镇建筑的亲水性，临水空间别有情趣；湖泊纵横为耕种渔业和养桑业创造了良好的自然条件，经济发展、人口集聚，从而孕育了繁荣的古镇文化。古语有云："东南财赋地，江浙人文薮。"小桥、流水、人家的江南古镇之所以有魅力，关键是文化，深厚的文化底蕴正是江南古镇的灵魂。

（2）以古建筑群为主。如果说江南古镇就是小家碧玉，则此类古镇就是邻家大哥，充满了人间烟火的宽容。此类古镇以古建筑群为主要特色，以安徽宏村、西递、福建泰宁最为典型。皖南古镇背依黄山余脉，周围群山环抱、峰峦叠翠，位于风光秀美的盆地，完好保存着最有特色的明清古民居群，在中国明清建筑史上独树一帜，有着高超的建筑艺术、浓厚的文化内涵和独特的地方特色；福建泰宁保存着完好的古建筑群，以明代民居建筑真品和尚书第建筑群声名远扬。

（3）以历史文化为主。此类古镇以山西张壁、广西兴安、广东石湾镇为典型，除了优美秀丽的古镇风光和保存完好的古建筑，最主要的特点是古镇依靠人工活动而赋予更多文化和历史底蕴，资源更注重历史性，当地遗址就是最好的历史见证。石湾镇陶瓷文化源远流长，被称为"南国陶都"，河宕贝丘遗址就是最好的历史见证。

（4）以民族风情为主。此类古镇与上述类型的最大差别在于文化中融入民俗，以民族风情为主，兼顾秀丽的自然风景，以内蒙古室韦为代表。由于其独特的地理位置，与周边邻里不同民族的相互交往和融汇，导致了悠久的室韦文化。室韦是蒙古族发祥地，中国唯一的俄罗斯民族乡，如今的室韦还保存着古代蒙古族生活生存风貌，寻根、祭拜、观光、考察给古镇旅游又增添了一道独特的风景线。

4.3.4.2 古镇旅游产品开发现状

目前古镇旅游产品种类多样，开发日新月异，但远景设计研究院的研究发现古镇旅游仍存在诸多问题，表现为旅游产品仍以资源型为主，简单模仿其他地区，导致雷同，缺乏特色，如江南水乡古镇的同质化现象比较严重；同时古镇旅游产品开发缺乏完整规划的指导，开发粗放、经营粗放，竞争方式还处于产品和服务的竞争。在开发上缺乏深层次的文化性和体验性，现有许多旅游产品多为初级观光型，不能满足顾客需求，未把旅游经济理解为体验经济。

4.3.4.3 古镇旅游产品开发策略

古镇旅游产品开发必须转换思路，提倡产品策划、个性化服务，重视对体验旅游活动的开发。根据上文古镇旅游的类型和旅游者的心理需求，古镇旅游产品可设计成观光、休闲度假、修学、科考、养生等多种形式。针对不同层次、不同需求的旅游者，应开发多种选择，以下几例可供参考。

（1）美食养生游。古镇以闲适恬淡的生活为主，其饮食也以健康、养生、原生态为特色，游客可以品尝家常菜，并融入到制作过程中，如江南一带有吃年糕、清明团、端午粽等习俗，参与其制作过程，别有一番乐趣，通过体验古镇人民的生活生产场景，感受纯朴的水乡文化，将观光、休闲、娱乐、餐馆、体验等结合融为一体。

（2）文化展示游。各古镇可根据自身文化遗存特色开辟古文化展示区，通过实物或其他方式展示古镇的历史、人文、民俗等，引导旅游者进行古镇历史文化、风情民俗鉴赏，让旅游者在游览过程中扩大视野、增长知识。如石湾的陶瓷文化等可以通过这样的方式展示出来。

（3）民俗风情游。品尝当地风味饮食，参与节庆、庙会、祭祖等民俗活动，或深入当地居民中间，体会民俗风情。具有浓郁俄罗斯风情的古镇室韦，可在相关节日，让旅游者品尝风味菜，欣赏当地独特的建筑风格，体会少数民族的民俗特色。

（4）轻松度假游。清静的环境、优美的风光、淳朴的民风，对长期居住在都市里的人来说，确是轻松度假、调整身心的好去处，选择有特色的民居客栈住上三五天，在古镇古朴的环境氛围之中或玩棋牌，或闭目养神，或在周围散步、登山，达到放松心情、舒缓精神的目的。

4.3.4.4 古镇旅游开发建议

传统古村落旅游开发首先要保证对传统村落的保护。保护传统村落原有的整体性、风貌性和原真性，确保自然景观、生态景观和人文景观的原真和协调。传统村落的旅游开发不仅要保护传统的民居院落建筑等物化东西，还要保护珍贵的非物质文化遗产。现在传统村落的保护，对于物化的保护做得比较到位，但是一些非物质文化遗产的保护被忽略，尤其是一些传统的竹林手工艺品，正在被塑料、五金等工业化产品代替。在传统村落旅游开发中，要对其进行保护，同时可

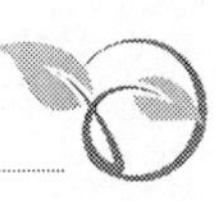

以作为旅游产品，供游客选购，保护和商业同时进行。

传统古村落旅游开发需要多方共同努力。政府主导下，引入社会资本，在维护尊重当地村民权益前提下，以股份形式共同开发。政府要完善旅游开发各类基础设施建设，给予物力和财力支持。传统村落的旅游开发需要市场主体的企业过来经营、公司化操作；同时吸引社会资本的注入，减少对政府资金的依赖。比如，欧洲嘉世集团在2013年开始投资开发山头下古村，取得了一定的效果。另外，还要激发当地村民旅游开发的热情，通过参股或其他形式，使他们融入到传统村落的保护和旅游开发中。

传统古村落旅游开发应注重打造“家+”模式。“家+”模式是民宿的一种探索，给游客一种家的感觉，在琐园等传统村落已开始探索。传统村落的居民利用家里闲置房间，在保留原来乡村特色的基础上，进行简单装修，为游客提供干净和舒服的住宿；同时配上无公害的蔬菜，为游客打造一份可口的农家饭菜。在给予物质满足的同时，也要给游客提供精神享受，村民可以给游客讲讲农村的趣事，也可以让他们参与简单的农事活动，增加旅游乐趣，同时增加传统村落的魅力。这样，游客可以从充满温情的乡土中体验乡愁、增长知识、丰富心灵。

传统古村落旅游开发需要内增外扩。内增指的是丰富传统村落的旅游项目，外扩是指跟附近其他类型的旅游景点联动发展。传统村落不是古镇，旅游规模有限，游客在短时间就能游完全村。只有让游客更长时间待在传统村落区域，才能创造更大的经济效益。内增，可以增加购物、休闲、娱乐、采摘等项目；外联，可以跟附近的景点一起开发，像山头下古村，就可以跟附近的青蛙乐园合作进行旅游开发。内增外扩，可增加传统村落的旅游项目，同时丰富游客的行程。

传统古村落旅游开发需要进行品牌建设及宣传，品牌价值远大于产品和项目本身的价值。如金华传统村落的旅游开发，应树立品牌观念，努力打造精品，形成江南农耕文明传统村落品牌。传统村落应该勤修自己的内功，让游客满意，造就良好的口碑；政府应该努力宣传造势，扩大传统村落的影响力，让更多的人知道和了解传统村落。作为开发主体的企业，应科学规划传统村落品牌，通过电视、微信、QQ 等媒介进行多种形式的广告宣传，提高传统村落的知名度，展现传统村落的魅力，吸引更多游客。

传统古村落旅游开发需要规范经营。目前中国传统村落旅游市场还不成熟，经常出现宰客现象；同时，有些商店为了揽客恶性竞争，不利于传统村落旅游业的发展。例如，金华传统村落的旅游开发，需要实行统一宣传、统一标准、统一价格、统一接团的“四统一”政策。对于那些为了蝇头小利而破坏行业规定的个人或企业，一定要严惩。在平时管理中做好各项旅游服务工作，并对游客进行满意度调查，对于游客提出来的意见、建议，要认真分析，及时改正，从而促进传统村落旅游业健康可持续发展。

4.3.5 建筑综合利用新可能

4.3.5.1 全域旅游

全域旅游，是指在一定区域内，以旅游业为优势产业，通过对区域内经济社会资源，尤其是旅游资源，相关产业、生态环境、公共服务、体制机制、政策法规、文明素质等进行全方位、系统化的优化提升，实现区域资源有机整合、产业融合发展、社会共建共享，以旅游业带动和促进经济社会协调发展的一种新的区域协调发展理念和模式。

全域旅游作为一种崭新的旅游发展理念从提出到践行一直都备受关注，自2015年9月国家旅游局启动“国家全域旅游示范区”创建以来，各地区结合自身特色大力发展全域旅游，探索创新、谋求改变，通过推行全域旅游，孕育了新的旅游产能，实现了旅游营收的快速增长。

在全域旅游发展过程中，各地各示范区结合自身特色，坚持融合发展、创新发展，借助网络云计算、大数据、人工智能等多种现代技术，融合基础建设、环境保护、文化传承、民俗民生等不同方面，不断推出具有各地特色和新时代特色的新理念、新产品，受到旅游者广泛赞许和欢迎。

全域旅游为乡村旅游发展带来新助力，为百姓生活提供新体验，全域旅游重视可持续发展、绿色健康发展，通过推行全域旅游，凭借互联网平台，极大地调动了乡村地区发展特色旅游的积极性，带动了农民就业增收，为乡村发展提供了新动力。在全域旅游带动下，越来越多的贫困乡镇和偏远山区找到了具有自身特色的脱贫致富之路，带动区域居民安居乐业，推动了区域经济的发展。通过推进全域旅游开发建设，全国多地多景区转变了发展理念，为百姓生活带来了具有全域旅游特色的旅游产品，其行业新业态带来的关联效应也影响了百姓的工作、生活，同时，服务新气象的营造也改进了百姓生活中的消费体验。总的来说，全域旅游的发展提升了百姓生活的获得感与幸福感，为百姓生活提供了新的体验。

全域旅游对于促进农民创业增收、实现脱贫致富具有重要意义。旅游行业属劳动力密集型，产业链长，对西部地区扶贫效果良好。全域旅游是一条富民之路，是打赢脱贫攻坚战的有力武器，是实现“绿水青山换来金山银山”的必由之路。泰宁县以旅游为主的第三产业超全县GDP的1/3，旅游收入在农民纯收入构成中占1/4，旅游从业人员占全县总劳动力的1/5，其中，旅游带动脱贫人口占脱贫人口总数的35%。河北省涞水县2016年县旅游部门引导村民借助冰雪旅游发展农家乐，较2015年人均年收入有了很大的增长，实现了整村脱贫。宁夏西吉县龙王坝村、四川绵阳南华村等地的农民“摇身一变”成为导游、服务员，大大提高了当地经济收入水平。

东部地区旅游需求旺盛，各地发展全域旅游注重扩大旅游惠民覆盖面，不断

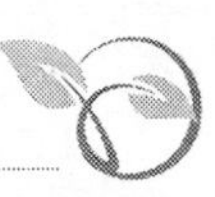

增强广大群众的获得感，推动旅游与社会资源、民生资源的深度融合，旅游成为东部地区服务业的龙头产业，致富一大批郊区和乡村地区的老百姓。以苏州为例，全域旅游成为苏州撬动服务业、提质增效的新杠杆，在苏州全力打造全域联动的大旅游发展格局的过程中，旅游业还成为城乡一体化发展的新引擎。位于苏州南端的震泽镇，凭借优质的生态和丰富多元的江南文化体验项目，每天都吸引千余名游客到来。这个凭借农业起家、工业发家、旅游旺家建设起来的新农村，每年的旅游收入已突破 2000 万元，“村美民富”成了这里真实的写照。

4.3.5.2 鹤壁市农业硅谷产业园

鹤壁市农业硅谷产业园（以下简称“鹤壁农业硅谷”）位于鹤壁市淇滨区钜桥镇，由北京农信通集团旗下鹤壁农信物联科技有限公司承建。鹤壁农业硅谷主要依托物联网、云计算、大数据等现代信息技术，在农业电子商务、涉农信息服务、信息化建设、物联网装备、休闲农业旅游、农业技术培训等方面为农业经营主体（农户、农业企业、合作社、协会、家庭农场）提供专业化、标准化的方案指导。目前产业园已经开发了智慧农业数据处理实验室、新农邦电子商务平台、12316 信息服务中心、农云服务等多个公共平台及“农机通”“翼农”等系列移动终端应用 APP，累计为农民和新型农业经营主体提供了 10 亿次以上的信息服务，为涉农政府部门、电信运营商、农业龙头企业实施运维了 3000 多个信息化系统。同时，鹤壁农业硅谷推进了“互联网+农业”的整体解决方案，在河南、安徽、江西等农村地区建设了 3000 多家“益农”信息服务站，为数百万涉农群体提供安全、可追溯、高性价比的农业产品及时便捷的技术服务和信息服务。2014 年，产业园入驻企业和科研机构达到几十家，实现信息化销售服务 8700 多万元，产业规模超过 30 亿元。电子商务平台已入驻商家 2400 多家并实现交易额 1. 8 余亿元，共带动农业消费 3 亿元以上。

技术渗透推动了农业信息化建设，通过优化资源配置，提高农业市场流通效率，农业经营方式和生产经营主体开始发生转变。

农业与信息融合不仅实现了农业、资本、信息的无缝对接，完善了基层农业技术推广和服务体系，也提升了农业生产作业效率和农业生产收益。2015 年，鹤壁农业硅谷与移动网络、宽带网络结合，通过报纸、手机 APP、电视、网络等多媒体累计为 1000 多万农户提供了信息查询和技术咨询，基本实现全市覆盖。农业技术（农业智能数据库）的推广为农户等经营主体提供了农作物各生长期的水费、农药、施肥等需求，实现了耕地、水等农业资源及种、药、农业机械等农业生产资料的节约。2015 年仅农药支出一项，鹤壁及周边农户同比减少许多。同时农业硅谷可根据大数据走势掌握最新农产品价格走势，为农户生产和经营提供科学支持。据统计，2015 年鹤壁有近 50 万农户根据价格走势改变了农业生产策略，直接避免农业损失近2亿元。

农业信息的互联网化极大地改变了农户的生产经营方式。鹤壁农业硅谷通过搭建农资电商平台、农产品电商平台、农技服务平台、农业物流平台极大地提高了农户信息搜寻能力，减少了农产品、农资交易环节，鹤壁近400万农户通过“线上线下”的交易方式经营各类农产品，年销售总额达到近8亿元，有近100万农户尝试在信息平台上购买农资和其他农村金融产品。2015年电子商务平台进驻商家已经达到3000多家，直接销售额3亿元。农业硅谷在河南、安徽农村等地建设的“益农”信息服务站在为农户提供信息服务的同时，也培养了一批懂网络、懂技术的新型职业农民。2013~2015年，“益农”信息服务站累计为300万农户提供了信息服务，为近80万农户提供了信息指导和培训。

4.4 农村土木建筑焕发新活力

以首批全国100多个特色小镇为样本（截止到2017年底），对其功能类型、空间分布、建设投融资渠道等进行定量分析与总结归纳，其中一些数据值得关注。比如100多个特色小镇中休闲旅游型特色小镇最多，达到了35%，PPP投融资模式已被52%的特色小镇应用在实际项目建设中。深入分析当前特色小镇建设存在的问题及原因，包括建设不规范、保障机制及后期治理机制有待完善，申报类型相对单一，与优势产业耦合度不佳，投融资渠道有限，市场未占主导地位等。根据前面的分析，相应地提出对策建议，比如引入精准治理理念构建多方参与治理机制、挖掘小镇特色融合产业资源、综合投融资模式加强资金使用能力等。

乡土建筑旅游开发建设要结合现代社会的旅游需求，通过主体化、品牌化的模式，充分挖掘乡土建筑的资源，包括乡土建筑的自然山水、古朴建筑、特色饮食以及民风传统，建立全面、生动的乡土建筑风情画卷，使人们能够在充满历史文化韵味的乡土建筑中尽情体验旅游的乐趣。

各地要根据自己的地理和环境条件，充分发挥自己的优势，遵守法律法规、紧跟时代和政策号召，打造出符合自己特色的、属于自己的乡村旅游获发展模式。各地的发展模式和项目以及融资方式，要通过实际调查和可行性研究，不能一味照搬，否则将造成千村一面，那么乡村旅游就会失去特色和灵魂，无法长远发展。

5 农村文物建筑保护

5.1 农村文物建筑保护现状

5.1.1 文物建筑的概念

“文物”一词在我国最早出现在战国初期成书的《左传》。在《左传恒公二年》中有“夫德，检而有度，登降有数，文物以纪之，声明以发之”的记载；此后在《后汉书南匈奴传》中亦有“制衣裳，备文物”的记载，然而“文物”在当时主要是指礼乐典章制度，并不与现代“文物”的概念相同。到了唐代以后，杜牧的《题宣州开元寺水阁阁下宛溪夹溪居人》一诗中：“六朝文物草连天，天淡云闲今古同”所称“文物”即指前代的遗物，其含义已接近于现代对于文物的概念。

《中国大百科全书：文物博物馆卷》将“文物”定义为：“文物是人类在历史发展过程中遗留下来的遗物和遗迹。当代中国根据文物的特征，结合中国保存文物的具体情况，把文物一词作为人类活动有关的一切有价值的物质遗存的总称。”

《中华人民共和国文物保护法》规定，我国的文物保护对象包括可移动文物和不可移动文物。不可移动文物从类型上又可分为具有历史、艺术、科学价值的古文化遗址、古墓葬、古建筑、石窟寺和石刻、壁画；与重大历史事件、革命运动或者著名人物有关的以及具有重要纪念意义、教育意义或者史料价值的近代现代重要史迹、实物、代表性建筑。

因此，文物建筑是指历史上遗留下来的并在社会发展史中具有历史、艺术、科学价值的建筑物，以及与重大历史事件、革命运动和著名人物有关的，具有重要纪念意义、教育价值和史料价值的纪念性建筑物，在年代上已不仅限于古代，而且是包括了近代。在西方，文物建筑被广泛认同的定义是英国学者费尔顿在《历史建筑保护》一书中提出的：文物建筑就是可以使我们自发或是自觉地去认识，了解造就了它们那个时代和人民的建筑。文物建筑不可再生，一旦遭到破坏，就不可能再恢复，并且依附在文物建筑本体的历史信息也随之散失，它便失去了作为文物建筑的价值所在。《中华人民共和国文物保护法》里虽然没有定义，但其提出“具有历史、艺术、科学价值”的不可移动文物可以看作是对文物建筑的概括。

5.1.2 我国农村文物建筑现状

在我国，农村建筑的发展和村落的发展息息相关。由于以前缺乏文物建筑保护意识，在村落发展过程中，历史遗留下来的文物建筑也受到影响以及破坏，主要分为三个阶段：

（1）第一阶段（1950~1976年）。在新中国建立后，经过战争的洗礼，广大农村百废待兴，人们渴望过上安稳的日子。但由于当时的中国经济还比较落后，人们对于居住的要求十分低：居有定所、夜不露宿。因此，所建房屋只满足基本的居住条件，基本不考虑舒适程度，人们住得很拥挤。村落的面积相对于原村落稍有扩大，但人们主要的活动中心仍在原村落。“文化大革命”期间一批文物被毁，此时，古村落保护意识还没提到议事日程，更不要说怎样保护。

（2）第二阶段（1977~1995年）。1976年，随着“四人帮”被粉碎，“文化大革命”动乱宣告结束。1978年，党的十一届一中全会召开。改革开放不断推进，人们的生活水平在不断提高，人们对居住环境也就有了更高的要求，已经不仅仅满足于基本的居住。年轻一代纷纷请示建新房，新划的宅基地比以前大，房子成排建造，比以前高，进深也大。此时，人们开始思考古村落的保护。

（3）第三阶段（1996年至今）。人们提高了居住条件的标准，能够满足物质和精神的双重需要。好的耕地被划入了宅基地，新村落成为人们活动的中心。旧村落如何保护，新农村如何建设的问题凸现出来。此时，由于人们的认识不够，大量的拆旧建新，使得一些文物建筑遭到了无法弥补的破坏。于是古村落的保护与新农村建设的矛盾引起了高度重视，许多古村落被划为历史文化名村加以保护，并组织专家进行考察，讨论如何进行保护，并开始实施起来。

在城镇化程度日益加深的今天，传统文化对于现代社会生活的影响日益减小。文物建筑是一个时代和地区精神文化与历史特征的载体，是不可再生的、珍贵的物质和精神财富，对文物建筑进行保护和再利用对于传统文化的传承将产生积极的作用。当前，国际上文物建筑的保护已经从静态的保护转为再利用的动态保护，这种保护方式不仅能使文物建筑的价值充分地展现出来，而且能产生良好的社会、文化和经济效益，是一种可持续性的保护。目前，在我国仍然缺乏对文物建筑的保护，大量存在任由其衰败的情况，或是使用过度、损害文物建筑价值的问题，在新时代的背景下如何保护与再利用文物建筑对于传统文化的传承具有重要的意义和价值。

万物都要经历由生到死的过程，文物建筑也不例外。但文化记忆是人类发展的重要见证和历程，文物建筑是文化记忆的空间载体和心灵坐标。在目前城市化迅速发展的过程之中，城市的一体化建筑风貌渐渐让人忘记过去传统的建筑风格与文化内涵。随着人们的价值观念的转变，一个城市的标志开始不再是高楼大

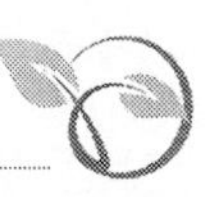

厦，而是其独特的文化建筑与历史内涵。虽然一些文物建筑在历史发展的过程之中开始逐渐老化，但其承载的意义仍然还在，不应让其就这样随着岁月悄然而逝，而是通过保护手段使让其生命得以延续并且焕发新时代的活力。可持续观念越来越成为时代的主题，城市发展的过程不该是一味地以新代旧，而是要让旧建筑重获新生，发挥其独特的文化记忆价值。2011 年第三次全国文物普查结果显示，我国有不可移动文物 76 万处，其中建筑类遗产就有 40 万处。在城市化进程与建设过程中，不可避免地会产生新与旧的矛盾。一方面，在城市建设的过程中，一些文物建筑容易被人忽视，即使没有受到人为的破坏，也会因为无人管理和修缮在风风雨雨中逐渐破败，最终消失在历史的长河之中；另一方面，在利益的驱使之下，一些文物建筑成为私人的牟取利益的工具。这种现象的发生使得文物建筑存在的价值发生了质的变化，从供人们回忆历史与传统文化的载体而沦为利益的目的。我国作为世界四大文明古国之一，有着悠久的历史文化和丰富的建筑遗存，在经济快速发展的今天，如何保护我们的文化遗产已经成为了社会共同探讨的课题。

5.1.3　文物建筑保护现状

光绪时期的举人、工艺美术家朱启钤十分重视《工程则例》《营造关系》等书，对建筑之物“周览而识之”。1919 年在江南图书馆发现手抄《营造法式》。北京大学于 1922 年成立考古研究所，1925 年创立营造学社，开始编辑《哲匠录》，并用现代方法研究古代建筑。中国近代最早的关于文化遗产的保护制度是南京国民政府立法院于 1930 年（中华民国十九年）制定的《古物保护法》，该法规定了文化遗产的登录制度、国外转移的限制以及埋藏文化遗产的保护等内容。1931 年公布《实施细则》，增加了保护古建筑内容，那时“梁思成、刘敦桢入中国营造学社，其道始行”。1948 年梁思成主持编纂《全国重要文物建筑简目》，并附有“古建筑保护须知”。后来，该书编纂的简目成为公布第一批全国重点文物单位的范本。从 1961 年公布第一批全国重点文物保护单位开始到 2005 年陆续公布第二批~第七批，现在共有 4000 多处保护单位。除此之外，还有省级市级重点文物保护单位数万处。1982 年《中华人民共和国文物保护法》实施，同年公布了首批历史文化名城，到 2017 年全国共有 100 多个省级历史文化名城。1986 年国务院要保护保存有传统风貌和民族地方特色的街区、建筑群、小镇、村落，划定为地方各级历史保护区，北京现已公布历史文化区 30 多处，浙江省 40 多处，还有安徽、江苏等省共计超过 200 处。1989 年颁布《中华人民共和国城市规划法》中提出了城市规划要保护文物古迹、自然景观。2002 年又颁布修订后的《中华人民共和国文物保护法》。2003 年文物局公布《文物保护工程施工资质管理办法》。2004 年国务院颁布《关于加强我国世界文化遗产保护管理工作的意见》。2005 年《关于加强文化遗产保护通知》《长城保护条例》公布；2006 年有关世界遗产管理、监测管理以及专家咨询管理办法等一系列条款相继出台。中国历史文化遗产保护工作可分为三大项目：

（1）文物古建——文物保护单位。

（2）历史街区——历史文化保护区。

（3）历史古城——历史文化名城。

目前，文物古建按照以保护为主、灾害抢救优先的顺序，在合理利用并强调管理、保存原状以及历史信息外，更加重视对其周边环境的一体化保护、再利用与活化；对历史街区采用针对民族、地区文化的乡镇与街区建筑群的保护工作。《历史文化名城名镇名村保护条例》指出历史街区保护原则应以历史的真实性、风貌的完整性、生活的延续性为重点。如北京胡同地区、景德镇、绍兴仓桥保护区均已在 2001 年整治规划完成。历史名城是指具有重大历史价值和革命意义的城市，其保护的意义不言而喻。其审定标准为保护有丰富价值的历史遗产、古城格局和风貌以及有历史特色的文物古迹，尤其是分布于市区近郊区，对城市建设、发展方向有重大影响的建筑。除上述审定标准之外，对与历史文化相关的自然山水、风景名胜、古名木、反映历史风貌的考察也被纳入保护范围。中华人民共和国文化遗产保护行政机关主要由国家文物局管辖。国家文物局执行文化遗产的指定保存、对文化遗产海外流出管制等业务，直属组织包括故宫博物院、中国历史博物馆、中国革命博物馆等。1982 年制定的关于文化遗产保护制度的文物保护法于 2002 年进行了修订，指定以国务院公布的形式为标准。指定史迹是文物保护法的特征之一，作为指定对象的文化遗产，指定的种类有文物保护单位、历史文化名城、历史文化名镇、历史文化名村、风景名胜区等。我国文物保护单位分为国家级、省（自治区、直辖市）、市三级，其他的有国家和省（自治区、直辖市）二级。国家级的文物一般称为全国重点保护单位、国家历史文化名城、中国历史文化名村、国家重点风景名胜区等。

5.1.4 国内外文物建筑保护理论发展

5.1.4.1 西方文物建筑保护修缮理论的发展

18 世纪末 19 世纪初，对于文物建筑的修复才逐渐发展成为一门专门的工作。西方国家的建筑师、学者及艺术家以各个国家为阵营，提出了不同的文物建筑保护修复的观点和理论，发展形成了欧洲文物建筑保护修复的三大流派：法国派、英国派、意大利派。

（1）法国派。在古建筑鉴定专家和文学家梅里美的倡议下，1840 年，法国成立了世界上第一个专门保护古建筑的政府机构——历史建筑总检查院，并提出了《历史建筑法案》，开始了对历史建筑的系统保护。法国派修复理论的发展经

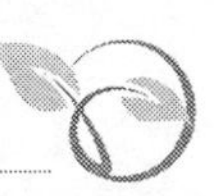

历了从“艺术性修复”到“风格性修复”两个阶段。“艺术性修复”的代表人物梅里美和雨果主张修复要以恢复古建筑的艺术纪念意义为主要目的。在修复方法的选择上自由度很大，缺少科学考证，建筑师可以只凭自己的主观想象进行修复。“风格性修复”则在继承历史风格方面卓有成效，是 19 世纪下半叶到 20 世纪上半叶欧洲文物建筑保护的主流。但它过分关注文物建筑的艺术和美学价值，强调风格统一，忽视保持历史信息的真实性，武断地添加和拆除，用“创作”代替了“修复”，实则给古建筑带来了极大伤害，使文物建筑承载的各种信息与历史意义以修复的名义消失殆尽。

（2）英国派。英国人较为保守，比较注重尊重传统，其在对建筑的保护和修复上也是这样。这就导致了“反修复运动”的兴起，其代表人物约翰·罗斯金和威廉·莫里斯等对“风格性修复”予以严厉抨击，认为古建筑是不可以修复的，反对一切修缮与改动。“反修复运动”强调真实，认为不可能重建具有同样意义的物体，他们的修复理论被称为英国派。威廉·莫里斯强调历史建筑是人类生活的印记，必须真实妥善地加以保护，最有效的方法是保持物质上的真实性——用“保护”代替“修复”，用维护来防止破坏，反对任何新的技艺介入修复和修缮。1877 年，莫里斯与罗斯金、韦伯等共同创立了英国第一个古迹保护民间组织——古建筑保护协会，这标志着英国通过立法保护历史建筑行动的开始。

（3）意大利派。意大利派是在吸取了法国派和英国派合理因素的基础上形成的，它在理论研究上取其精华，去其糟粕，达到统一，虽然形成时间较晚，但理论较为周密。意大利派的主要观点可以概括为以下几点：1）文物建筑的价值是多方面的，它不仅仅是艺术品，同时它也是文化史和社会史的“实物见证”，开展保护工作应该着眼于它所携带的全部历史信息。2）要尊重它身上以后陆续添上去的部分、改动的地方，在不影响文物建筑安全的前提下也保护它的缺失状态。它们是文物生命的积极因素、真实性的重要部分、文化史的重要资料。要保护文物建筑的全部历史信息，并且使这部历史清晰可读。3）反对片面追求恢复文物建筑的原始风格，当它实际已损坏、已丧失时，更不能去“创造”根本不存在的纯正风格。4）要保护文物建筑原有的自然和人为环境。

意大利派通过自己的实践渐渐完善了理论并提出了完整的工作原则和方法，终于以《威尼斯宪章》赢得了对法国派的胜利，奠定了现代文化遗产保护理论的科学基础。

5.1.4.2 国际公认的文物建筑保护理念

（1）与文物建筑保护相关的国际宪章和文件。西方对于文物建筑的保护和他们对于文物建筑的价值认识紧密相连。各国对于文物古迹价值的认识观念的变化集中反映在先后发表的国际性文献及宪章中（表 5-1）。

表 5-1 国际宪章及摘要

时间	地点	名称	概要
1933 年	雅典	《雅典宪章》	国际上颁布的第一部具有公约性质的宪章文件。使用建筑物有助于延续其寿命
1964 年	威尼斯	《国际古迹保护与修复宪章》(《威尼斯宪章》)	确立了原真性为核心的保护修复原则。指出社会公用目的的利用古迹，有利于古迹的保护
1976 年	内罗毕	《关于历史地区的保护及其当代作用的建议》(《内罗毕建议》)	对文物建筑的文化环境和自然环境的关联性给予更多关注。不合理的使用和添建会对文物建筑造成损害
1977 年	利马	《马丘比丘宪章》	《马丘比丘宪章》对《雅典宪章》中所提出的城市规划指导思想进行了修正。指出文物建筑及其历史环境的保护、复原和再利用都应当与城市发展密切相关
1979 年	澳大利亚	《巴拉宪章》	深化了对文物建筑价值的认识，从体现文物建筑的有形价值的历史、艺术、科学方面发展到包含文化、社会与精神的更广泛内涵
1987 年	华盛顿	《保护历史城镇与城区宪章》(《华盛顿宪章》)	关于文物建筑及其环境保护与再利用的相关原则与方法被提出。强调保护与利用中的居民参与
1994 年	泰国普吉	《关于原真性的奈良文件》	对文物建筑的真实性问题给予了解答，确立了保护中以真实性为核心原则。对文化多样性、多种的文化价值取向和表现形式给予尊重
1999 年	墨西哥	《关于乡土建筑遗产的宪章》	指出保护乡土建筑遗产的重要意义，并强调了乡土建筑保护中完整性的问题
2005 年	中国西安	《西安宣言——关于历史建筑、古遗迹和历史地区周边环境保护》	阐述了环境背景下对于遗产真实性和完整性保护的重要性
2007 年	中国北京	《北京文件》	提出了东亚文化背景下的文物建筑保护修复理念。对木结构体系下的真实性做了进一步探讨
2008 年	加拿大	《艾兰姆宪章》	宪章指出解说、展示是两个核心概念，也是当前国际遗产研究中的重要课题，较为全面地吸收遗产及相关领域的认识
2013 年	联合国	实施《世界遗产公约》操作指南	宗旨在于协助《保护世界文化和自然遗产公约》的实施，并展开相应的工作

（2）国际公认的保护理念。《威尼斯宪章》中指出文物建筑保护中“必须一点不走样地把它们全部信息传下去”，从本质上将历史信息“真实性”和“完整性”作为文物建筑保护的目的。之后的宪章和文件，除了对建筑本身外还对文物

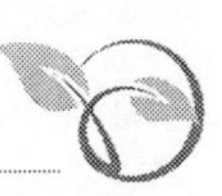

建筑的历史环境保护越来越重视，保护的内容也从保护文物建筑的本身的价值扩展到保护其所产生的文化精神方面意义。文物建筑保护理论发展的基础是对文物建筑价值认识不断深入和拓展，从保护理念的发展过程可以看到，文物建筑的价值从保护对象本身的文物价值逐渐发展到了包含社会价值、文化情感价值等无形价值。

英国学者费尔顿在其《历史建筑的保护》一书中总结了文物建筑的价值有三方面：1）情感价值。包括新奇感、认同作用、历史延续感、象征性、宗教崇拜。2）文化价值。包括文献的、历史的、考古的、审美的、建筑的、人类学的、景观与生态的、科学和技术的。3）使用价值。包括功能的、经济的、社会的、政治的。

5.1.4.3 文物建筑保护修复的原则

国际公认的文物建筑保护修复原则的核心是原真性原则，由《威尼斯宪章》提出。原真性是对文物建筑保护进行衡量的标准。在《威尼斯宪章》制定的时期，文物建筑的有形价值是原真性考虑对象。实践的过程中，以文物建筑保护基本原则的原真性原则为基础派生出了许多其他原则，如可识别性原则、可逆性原则、最小干预原则、全面保护原则、原址保护原则与缜密原则等诸多方面的原则。

5.1.4.4 我国文物建筑保护理念的依据和内涵

A 我国文物建筑保护理念的依据

《中华人民共和国文物保护法》和《中国文物古迹保护准则》是当前我国文物建筑保护修复理念的主要依据。《中华人民共和国文物保护法》（以下简称《文物保护法》）是为了加强对文物的保护，继承中华民族优秀的历史文化遗产，促进科学研究工作，进行爱国主义和革命传统教育，建设社会主义精神文明和物质文明而制定的法规。目前实施的《文物保护法》是2015年第四次修正的版本。《中国文物古迹保护准则》（以下简称《准则》）是2000年由中国国家文物局推荐，国际古迹遗址理事会中国国家委员会联合美国、澳大利亚相关遗产保护部门合作编制的。随着社会经济发展，新时代背景下对于文化遗产保护又有了新的要求。于是为了更好地解决文物保护工程中遇到的新问题，中国古迹遗址保护协会于2010年开始了《准则》的修订工作，并于2015年完成修订和公布。《准则》是具有指导性和权威性的官方推荐文件，它协调了宏观法律与文物建筑具体操作之间的关系，属于纲领性的文件。

B 我国文物建保护理念的内涵

《文物保护法》和《准则》在借鉴和体现国际上的文物建筑保护原则的同

时，也反映了中国文化的特征，具有符合中国特色文物建筑保护的内涵。除了借鉴国际文物建筑保护理念，在真实性（原真性原则）、完整性（全面保护原则）、最低限度干预（最小干预原则）上与国际理念相呼应，又在以下几方面有所强调。

（1）“不改变文物原状”的保护原则。在我国文物建筑保护实践中，“不改变文物原状”原则一直被遵循，《文物保护法》提出：“对不可移动文物进行修缮、保养、迁移，必须遵守不改变文物原状的原则”。在《准则》中，在吸收国际公认的原真性原则的同时，也重申了“不改变文物原状”的原则。“它意味着真实、完整地保护文物古迹在历史过程中形成的价值及体现这种价值的状态，有效地保护文物古迹的历史、文化，并通过保护延续相关的文化传统”。“不改变文物原状”原则，主要包括四种状态：1）是实施保护之前的状态。2）是历史上经过修缮、改建、重建后留存的有价值的状态，以及能够体现重要历史因素的残毁状态。3）是局部坍塌、掩埋、变形、错置、支撑，但仍保留原构件和原有结构形制，经过修整后恢复的状态。4）是文物古迹价值中所包含的原有环境状态。

（2）“修旧如旧”原则。“修旧如旧”原则是对原真性原则的实际体现。梁思成先生在《闲话文物建筑的重修与维护》中说：“文物建筑的保护，不是要它返老还童，而是要它延年益寿”。就是强调对文物建筑的保护修复应当最大限度地保存文物建筑的历史信息和历史氛围，这样才能最大程度保证其原真性。

（3）保护文化传统。当文物古迹与某种文化传统存在关联，文物古迹的价值又取决于这种文化传统的延续时，保护文物古迹的同时应考虑对这种文化传统的保护，使其更加具有完整性。

（4）使用恰当的保护技术。应当使用经检验有利于文物古迹长期保存的成熟技术，同时应该对文物古迹原有的技术和材料进行保护。保护措施在实施中不得妨碍再次对文物古迹进行保护，在可能的情况下应当是可逆的。

（5）文物建筑的合理利用。文物建筑的“延年益寿”包括的不仅是对物质的保护和修复，还包括对文物建筑进行合理的利用使其功能得以延续。在《文物保护法》中，指出了“合理利用”的方针，在《准则》中也强调了对文物建筑的合理利用，同时强调合理利用应当坚持以社会效益为准则。

（6）防灾减灾。造成文物建筑破坏的一个极其重要的原因就是灾害，灾害的损失是可以降低的，但要通过预防和灾后及时实施妥当的应对措施才能降低到最低程度，这就要求将灾前预防和制定相应的应急措施做足。

5.1.4.5　文物建筑再利用研究

（1）国际文物建筑再利用研究。对文物建筑再利用的实践与探索国际上很

早就开展了，早期具有代表性的人物是意大利建筑师斯卡帕，代表作品为维罗纳古堡，他在设计中将古堡自身作为展示对象，充分展现了文物建筑的艺术价值，改造中将历史与现代元素协调统一在了一起。意大利的米兰将在战争中毁掉的Sforzesco城堡进行了修旧如旧的修复之后，置换了城堡的功能，用做了博物馆并且向市民开放。在二次世界大战之后，欧洲大陆满目疮痍，当时进行了大规模的建筑重建工作，进行了很多价值丰富的建筑再利用的尝试，探讨了在不损害建筑价值的前提下如何使其满足现代的生活生产和其他价值需求。进入20世纪80年代后期，大量的文物建筑再利用在很多欧洲国家开展起来，比如法国卢浮宫的扩建、德国国会大厦的改造等，建筑师巧妙地运用现代的建筑手法，对文物建筑的再利用进行了尝试改造和修复，在实际中也取得了很好的效果。

（2）国内文物建筑再利用研究。在国内，目前对文物建筑的再利用的研究还不是很多，清华大学陈志华教授编写的《文物建筑保护文集》对文物建筑再利用具有一定的指导意义，书中指出更好地保护文物建筑才是文物建筑再利用的根本目的，文物建筑富含大量的历史信息是历史的实物见证，具有很高的研究价值。对文物建筑再利用的前提是妥善的保护它，不能因为利益因素过度开发利用文物建筑。陈志华和李秋香编著的《乡土建筑遗产保护》一书，阐述了乡土建筑遗产保护利用的观点，并以四川省泸州市合江县福宝古街保护规则为例，制定了村落中文物建筑的保护利用规划。《建筑的生与死——历史性建筑再利用研究》是陆地从法律法规和策略实践角度撰写的历史建筑的再利用研究成果，对这些成果的吸收理解能够为文物建筑再利用提供新思路和有益的借鉴。近些年，在这方面的探索有清华大学的徐桐的《山西南部文物建筑的社区活化利用与规划策略》。文章分析了山西山区文物建筑在展示利用过程中出现的问题，对于这些问题作者提出了以“社区”的视角对当地的文物建筑进行“活化”，发挥文物建筑的社会价值和经济效益，为社区居民带来益处。阳承良在《中国文物报》上发表的《益阳近现代文物建筑现状及保护利用》，对益阳市境内的多种年代和类型欧式建筑、工业建筑以及民居和宗祠等文物建筑提出了再利用策略。

5.2　农村文物建筑保护策略及措施

5.2.1　农村文物建筑保护背景

随着社会经济的发展，中国传统村落的保护与发展持续兴起，乡村旅游、乡村度假，以及怀乡之情等使得社会各界人士开始更多地关注传统村落的现状与发展趋势。农村文物建筑的保护也成为一个重要的课题与研究方向。

传统文化是一个民族的血脉和灵魂，是社会文明程度和发展水平的重要标志。建筑首先被赋予的是人类对其定义的文化意义，是人类文化的产品；其次才是时间赋予建筑的历史意义。文物建筑同时具有文化和历史这两个重要特征，其中文化意义是最基本的特征。正因为如此，文物建筑才成为人类历史文化遗产。保护历史文化遗产的目的是保存人类文明发展中物质的完整性和连续性。文物建筑就是这种物质的承载者和表现者，它们能够传递和解释人类文明发展中的历史信息。因此，文物建筑的基本特征应该是它们所具有的文化意义，而历史意义只是表明文物建筑的时代身份和历史地位。近年来国家大力推行城镇一体化发展，导致农村文物建筑破坏日益严重。

根据《保护世界文化和自然遗产公约》，文化遗产主要包括历史文物、历史建筑、人类文化遗址等。根据 2005 年国务院《关于加强文化遗产保护的通知》，我国定义“文化遗产包括物质文化遗产和非物质文化遗产。物质文化遗产是具有历史、艺术和科学价值的文物，包括古遗址、古墓葬、古建筑、石窟寺、石刻、壁画、近代现代重要史迹及代表性建筑等不可移动文物，历史上各时代的重要实物、艺术品、文献、手稿、图书资料等可移动文物；以及在建筑式样、分布均匀或与环境景色结合方面具有突出普遍价值的历史文化名城（街区、村镇）。”

由上述定义可以看到，文化遗产就是指有形文化遗产和无形文化遗产。这种定义与分类法基本上是静态的，对遗产本身内在的自然与文化之间关系的理解缺乏紧密性，农村文物建筑属于有形的文物遗产。

5.2.2 农村文物建筑保护存在的问题

农村文物建筑保护存在的问题如下：

（1）木结构文物建筑易发生腐朽虫蛀。我国文物建筑以木结构体系为主，与砖石和混凝土等无机建筑材料不同，木材是一种生物材料，是由纤维等有机高分子材料组成，易发生腐朽虫蛀，造成建筑整体结构的损毁。

（2）相关法律不完善，我国关于古建筑的保护没有相对完善的法律条款，《文物保护法》并不能起到太大的约束作用，个别地方政府以及利益集团为了能在旅游开发、产业结构方面得到巨大的经济效益，经常钻法律空子，无视上位规划，不合理地开发建设，对文物建筑的不重视，导致文物建筑的破坏及损毁，造成了无法挽回的损失。

（3）乡村建设在一定程度上对千百年来保存下来的农村文物建筑造成了或大或小的冲击，使农村文物建筑保护工作面临巨大挑战。

（4）农村文物建筑产权多样化。农村文物建筑大多以集体所有为主，所有权人对农村文物建筑保护意识不强，法律意识淡薄，造成了保护措施的缺失，从而导致了大量历史古建筑的消失。尤其是祠堂，或因年久失修整体或部分倒塌，或因生产生活需要被拆被毁。

保护是用发展的眼光看待历史文化保留下来的历史文化资源，不是刻意的守旧如旧，是让传统的事物在新的发展背景之下焕发新的活力与生机。我国近几年

来对美丽乡村建设的力度加大了，例如，湖南省住房和城乡建设厅印发《湖南省村庄规划编制导则（试行）》的乡村规划编制内容中有一项是保护类村庄规划，是指对中国和省历史文化名村、传统村落，要求根据国家和相关规范要求，编制历史文化名村保护规划和传统村落保护发展规划。我们在对传统村落的保护中，文物建筑的保护是其中重要的一部分。

5.2.3 农村文物建筑的建筑材料

农村文物建筑的建造主要以就地取材为主，采用传统的建造方法。建筑形式主要有：（1）木结构。分布面广，易于加工、运输和安装，既可做承重构件，又可做围护构件。（2）土结构。分布较广，施工方便，造价低廉，利于隔热保温。（3）混合结构。材料以黏土砖和混凝土制品为主，以具有坚固耐用、节省木材等优点，成为近年来农村住宅逐步推广的建房材料。此外，在盛产竹子和易于取石的地区，也常用竹材和石材建造。

5.2.4 农村文物建筑的保护方法

根据上文所述的农村文物建筑面临的问题，建议可以从以下几个方面对农村文物建筑进行保护。

（1）建筑方面。

1）我国农村文物建筑大都是采用砖木结构，无论承重构架还是细部装修都大量使用木材，而白蚁是木结构建筑物的天敌。经过历史长河的洗礼，大部分村落的文物建筑普遍存在白蚁灾害的问题，只是对建筑物的损坏程度不同而已。由于白蚁的侵蚀，木结构建造的文物建筑的结构会受到严重的破坏，导致其变成危房。若不立即进行防治，将直接危害整个文物建筑的安全。

2）土结构的文物建筑因年久失修，加上大自然的长期侵蚀，极易造成墙体开裂、倾斜，抗风雨侵蚀和自然灾害能力较差，导致所谓的“老房子”显得破旧不堪，因此在自然灾害面前不堪一击，传统文化也会因此失去载体而濒临消亡。这种情况在我国农村文物建筑的现状中也较为普遍。为保证建筑物的安全，应考虑对开裂倾斜的部分墙体进行加固维修。梁思成曾指出：“以保存现状为保存古建筑之最良方法，复原部分，非有绝对把握，不宜轻易施行”。文物保护修缮工作固然非常重要，且迫在眉睫，但是在对于建筑原有样式不甚了解的情况下，千万不可轻易进行修缮工作，对于已经坍塌、损坏的文物，应该对现状进行原址保护，防止破坏程度进一步加大。

（2）政策方面。

加强民众对文物的认识，充分领悟保护文物建筑的意义。正是由于当地居民对文物建筑的来源与文化不了解，对文物建筑所具有的价值以及存在的研究意义没有深刻的认识，从而导致我国大部分未被发现未被开发保护的文物建筑无意识中进行了破坏与损毁。这种无意识的损毁与破坏比有意识的因为开发而损坏文物建筑的行为更让人痛心。所以从现在开始要对有文物建筑地区的当地居民进行宣传教育，组织当地居民学习本地的传统文化，让居民们对传统文化的认识更加深刻，从而自觉地对文物建筑进行保护。

2）政府主导，把农村文物建筑保护工作作为美丽乡村建设的重要内容。农村文物建筑保护和利用都离不开规划和资金的问题，也就是人力和财力，政府可以通过城乡一体化统筹，为农村文物建筑的保护和利用争取到大量的人力、物力和财力，还可以通过美丽乡村规划为农村文物建筑提供强有力的政策支持。

（3）规划方面。

开发旅游项目，吸引资本的加盟。文物建筑是发展文化休闲旅游业的重要物质基础。在《文物保护法》中就提到“国家鼓励通过捐赠等方式设立文物保护社会基金，专门用于文物保护”，政府除了可以设立专项经费用于文物建筑的宣传、保护、修缮等，还可出台政策鼓励个人、企业对文物建筑进行专项赞助，且在税收等方面给予实在的优惠，真正做到专款专用。农村文物建筑的规划保护就是要利用一切可以利用的资源来加强、完善文物建筑保护、开发、利用工作。这里的规划主要是针对文化资源的利用与宣传。例如：淄博市的周村大街（因电视剧《大染坊》而出名）、山西乔家大院（因电影《红高粱》而使游客暴增）都是很好的例子。应遵循“保护先行，有地域特色，可持续发展”的原则。

5.2.5 农村文物建筑的保护原则

农村文物建筑的保护原则：

（1）要严格按照文物保护法及相关法规对各级文物建筑实施保护与维修，保证建筑的历史真实性与建筑结构安全性、建筑周围环境的整体性及功能适用性。

（2）对文物建筑的保护要落实责任，防止使用过程中对建筑的破坏。

（3）尽量延续文物建筑的原有功能。如需要对原有功能进行调整，必须经行政主管部门批准同意方可实施。在功能调整中注意保护建筑原有结构与形态。

（4）建立文物建筑保护维护机制。为文物建筑维护开设单独的办公小组，专事专管。

文物建筑的保护与城乡的建设发展并不冲突，应遵循可持续发展战略的要求，在保留完整的建筑风貌与乡村空间肌理的基础上，对建筑色调、建筑高度、等做统一细微改善，使其保持传统风貌；在此基础上，对建筑内部进行卫生设施、水电设施、电子产品的改善，以此来满足发展的需求。在保护与更新中引导村民与建筑、周围环境和谐相处，使其持续性发展，只有这样才能使中华古老的文明在不断发展的现代化社会中繁衍生息。

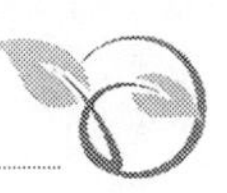

5.3　农村文物建筑保护案例

《中国文物古迹保护准则》中规定“必须保护文物环境。与文物古迹的价值关联的自然和人文景观构成文物古迹的环境，应当与文物古迹统一进行保护”。所谓文物生存环境，不仅包括文物建筑本体，同时也包括周边环境中自然的、人为的、动态的、静态的、有形的、无形的等与之相共生的其他环境要素，它们与文物本体一样，既是历史的产物，又是历史的载体。周边环境与文物建筑组成的一个整体系统，反映了特定区域内历史上的政治经济、文化艺术、科学技术、宗教信仰、风俗民情等社会各方面的情况，而它存在和延续发展的过程中，又承载了特定区域内历史进程中的各种信息。文物是历史信息的载体，离开了环境，就成了孤零零的标本。

5.3.1　案例一——湖南零陵周家大院

位于湖南省零陵区富家桥镇干岩头村、地处都庞岭下的周家大院由 6 个院落组成，分别是建于明代的“老院子”“红门楼”“黑门楼”和建于清朝的“新院子”“子岩府”“四大家院”。6 个院落自西向东呈北斗星形排列，依山就势，南高北低，好像端坐在太师椅上。从整体上看，6 座院落有分有合，浑然一体，既各自独立成院，又相互和谐勾连，层楼叠院、错落有致。这中间，数“四大家院”规模最为庞大，建筑面积达 1 万多平方米。

图 5-1 所示为湖南零陵周家大院。

图 5-1　湖南零陵周家大院

周家大院共有正、横房子 180 多栋，大小房间 1300 多间，开设大小天井 100 多个。周家大院建筑装饰的雕绘技艺之精湛，历史文化含量之丰富，民族气息之浓烈，内容题材之广泛，表现手法之丰富，无不让人叹为观止。在大量的纹饰中，以莲花纹居多，正是先祖周敦颐之名作《爱莲说》的反映。

六大院虽然先后建成于不同的历史时期，但都在一定的轴线上按相同的坐向排列分布，从而整体形成建筑数量之多、质量之精、规模雄居湘南民居榜首而为世人惊叹的古民居建筑群。由于它们出自家道殷实的名门望族之手，因此，在家居使用功能上几乎达到了尽善尽美的程度。如正、横屋的三级马头封火山墙平面呈直角相交，翼角高翘，直指蓝天，将每栋房屋间隔起来；大小天井的设计，通风采光十分科学，使每一栋院落都显得宽敞明亮；各座院落依水而建，北高南低，加以各类明、暗水沟纵横交错，其排水功能极为周全。

古建筑群的选址，追求“天人合一”那种理想的人与自然的和谐，三面环山，一面临水。整体布局体现了“中和”象征。建筑策划者在建筑布局上除了采取中国传统的一条纵向对称中轴线外，还推陈出新布置了若干条与之垂直的横向附属轴线，构成“丰”字形平面布局，这种结构与封建血缘关系融为一体。纵中轴线上的建筑为一组正屋，为长辈所使用，东西两侧横屋由分支的各房晚辈使用。这种纵为辈、横为支的划分，体现了宗族辈分与子孙分支的严格性。把传统人伦“中和”意识溶于建筑中，是周家大院在建筑群体上继承传统而又高于传统的地方，充分显示了它在建筑布局上匠心独运的个性特色。

5.3.2 案例二——安徽黄田村

位于安徽省的黄田村，其建筑是具有皖南特色的传统民居，建筑的形态空间特征由当地独特的山高水急的自然环境与宗法制度、寄情山水的思想、传统农耕文明与徽商经济等多重因素共同决定，并且受当地特有的程朱理学思想的影响。如图 5-2 所示。

图 5-2 安徽黄田村

黄田村的聚落布局保留完整，能清晰体现出明清时期的格局，充分展现了皖南传统宗族的聚落空间形态与结构特征。凤子河与马冲河两条河流作为村落的血脉，古建筑群顺应其形态布局，在两河间的三角地块布置开来，河流与道路街巷呈现出鱼骨结构。黄田村的聚落布局形态与自然生态环境和谐统一，黄田村地区山多地少，古建筑群之间排列紧密，街巷空间尺度节约考究，充分体现了当地人节约土地资源的思想。古建筑群沿河而建，村内水道纵横，体现了当地相地度势、合埋用水的理水观念。

黄田村建筑建筑结构以木构架为主，抬梁式与穿斗式都有出现，木构架多带有轩棚，砖墙作为外部维护部分，黄田村建筑平面方整，中轴对称，内部由四水归堂的天井串联而成，典型平面的中轴部分依次为大门、天井、厅堂，每栋建筑因规模不同，天井数量不同，一个或两个居多。厅堂通常为一层通高，厅堂两侧厢房为卧室，厢房为上下两层。

黄田村的建筑平面形制较多，主要包含“凹”字形、“回”字形与“日”字形。“凹”字形为三间一进，代表建筑为耕山房；“回”字形为三间两进，也称为“上下厅”，中间为天井，前后为两组三间式相向组合，代表建筑为绍德堂；“日”字形为三间三进，各进之间有天井连接，代表建筑为思永堂。建筑单元间通过不同的方式拼接，形成不同的平面组合形态。黄田村的建筑继承了皖南地区民居生态节能的特点，其空间形态与建造技术都与自然环境相协调，比如建筑采用较大的进深达到避暑的效果，墙体材料使用空斗墙以保温隔热。

最早在 1985 年，黄田村被泾县人民政府公布为县级文物保护单位，1998 年，被安徽省人民定位省级重点文物保护单位。2006 年，黄田村成为安徽省历史文化名村。且被国务院评为第六批全国重点文物保护单位，黄田村于 2012 年被住房城乡建设部、财政部与文化部评为中国传统村落，成为第一批被列入传统村落名录的村落。

5.3.3　案例三——安徽宏村

安徽省宏村镇，古称弘村。南宋绍兴元年，宏村始祖汪彦济因遭火灾之患，举家从黟县奇墅村沿溪河而上，在雷岗山一带建 13 间房为宅，是为宏村之始。汪彦济在村口兴建睢阳亭，作为入村标志性建筑。宏村镇的建筑主要是住宅和私家园林，也有书院和祠堂等公共设施，建筑组群比较完整。各类建筑都注重雕饰，木雕、砖雕和石雕等细腻精美，具有极高的艺术价值。村内街巷大都傍水而建，民居也都围绕着月沼布局。住宅多为二进院落，有些人家还将圳水引入宅内，形成水院，开辟了鱼池。宏村古民居群是徽派建筑的典型代表，现存有完好的明清民居 440 多幢。如图 5-3 所示。

图 5-3　安徽宏村

1949~1982 年，黟县人民政府将宏村的祠堂、庙宇、书院和承志堂收为国有，采取统一的管理、保护。1982 年，黟县成立文物管理所，对宏村明、清民居建筑群的保护、古建维修有了专门的管理机构。1984 年，黟县人民政府首次编制宏村总体规划，加强对宏村古村落、古民居的保护与指导。1985 年，黟县文物管理局对宏村明、清民居建筑群及附属文物进行全面普查，建立古民居保护档案。

1997 年，黟县人民政府成立保护规划领导组，由文物、城建、土地、旅游等职能部门组成保护管理工作组，多次深入宏村进行综合整治，保护古民居。1999 年，国家建设部、文物管理局等有关单位组成专家评委会对宏村进行实地考察，全面通过了《宏村保护与发展规划》。2003 年，宏村镇加入中国风景名胜区协会世界文化遗产工作委员会。2013 年，宏村镇政府组建了“宏村乡村客栈联盟”，以协会的形式对宏村旅游进行统一宣传和营销，对旅游经营户进行统一管理和服务。

截至 2015 年底，宏村镇拥有举世无双的古水系——水圳、月沼、南湖，以及被称为民间故宫的“承志堂”“培德堂”，徽商故里的“三立堂”“乐叙堂”，保存完整的古代书院“南湖书院”等重要文物。卢村有由志诚堂、思齐堂、思济堂、思成堂、玻璃厅等保持较为完好民居组成的木雕楼群；屏山有光裕堂、成道堂等多座祠堂，还保存有三姑庙、红庙、长宁湖、舒绣文故居、葫芦井、小绣楼等名胜古迹。宏村、卢村和屏山的古村落的徽派建筑风格、空间布局、内部装饰和环境营造都达到了相当高的水准，代表着唐宋以来建筑和人居环境的最高水平。

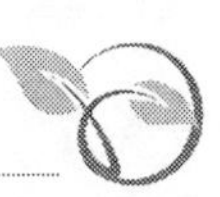

5.4 农村文物建筑保护措施

（1）应坚持“文物保护规划先行”的原则。尽快编制传统村落文物保护规划，指导村落整体保护、管理和利用工作。文物保护规划作为传统村落保护和发展的纲领性文件，应明确界定文物本体，在修缮本体的同时，对村落中一些非文物本体的历史建筑也应提出保护需求，对村民后来插建的现代建筑提出必要的改造要求，以保证村落整体风貌的协调和独特个性。在保护文物的同时，应对村民改善住房条件的合理需求予以统筹考虑，做到保护文物与保护村民切身利益的双赢。通过文物保护规划，指导文物周边环境的系统整治和展示，引导的项目提升，避免过度商业化倾向，推动传统村落保护和利用的良性发展。

（2）编制修缮技术规范等导则手册作为指导。村落文物建筑保护的纲领性文件应根据地区村落建筑特征和传统生活方式等内容，由专业人员对文物建筑分类型进行评估，提出不同的保护和修缮具体规范要求，以指导保护工作。例如，在云南省景迈山古茶园分布着10余个典型的民族村寨，保存着相对传统的生活方式。每个村落都保存有传统的干栏式民居上百栋，为完整保护每个村寨的山水格局、建筑风貌，保持古茶山的山形地貌、整体环境，设计单位在现状调查和科学评估的基础上，将民居建筑进行分型分式，对不同类型的民居提出针对性的保护加固措施，并提出了今后保养与利用的要求和建议。同时，为实现整个村寨的活态保护，针对村落的基础设施、新建建筑、景观绿化、道路边坡、展示利用等分别提出了具体的指导意见，编写了《景迈芒景民族村寨风貌保护与整治手册》《景迈芒景传统民居保护维修与传承手册》《景迈芒景民居结构加固与选型导则》，成为指导景迈山古茶园传统村落保护的纲领性文件。

（3）完善文物建筑保护工程监管机制。通过事中检查和评估，及时了解项目进展，发现实施中存在的问题，不断总结经验，实现事前方案审批与事中工程实施的有效衔接，建立起一套科学规范的文物保护项目事中事后监管体系。

（4）适应行业发展的市场管理模式。在市场化的背景下，应有一套完善的行业管理规范。完善经费拨付方式和使用规范，确保参与文物保护的业主、设计、施工、监理等各方的权益和利益，制定符合文物建筑保护的稳定政策，使经费使用的文物部门具有主动权，同时加强经费使用的监管。

（5）加强文物保护工程前期勘察和调研，强化对传统建筑原工艺、原做法的研究。设计人员应全程跟踪保护工程的实施过程，及时完善设计方案，让一些修复和复原项目做到有据可依，让文物的价值最大限度地传承和保护下去。同时，加强施工过程中的工程管理，从施工组织设计到工人岗前培训、工地管理等环节，严把质量关，做到精细化施工，规范施工流程，注重细节，保证工程质量。同时要在可持续发展的前提下，给传统建筑保护留下命脉，对原始材料的生产、加工厂不应以不满足环保要求一刀切下。需要明确的是文物建筑通过自身所携带的历史文化信息的传播，以及保护工作者通过研究整理得出的历史文献资料以体现文物价值，只有保证文物建筑的真实与完整，所提供的信息才有意义。

（6）着力培养一批有工匠精神、传统技艺和文化传承的民间工匠队伍。传统修缮技艺，其实主要就是具有维修技能的人。这些年，虽然一些地区会进行文物建筑的修缮保护工作，但基本的施工者都是农民工人，其有利的一面是劳动力数量多且方便联系，但其人员流动性大、缺少好的管理机制的不利一面也非常明显。应该着力培养一批有工匠精神、传统技艺和文化传承的民间工匠队伍，并制定一定的培训、保障机制，保护技艺的传承。传统村落中的文物建筑不仅仅是各级文物保护单位，更多的仍是生产生活设施，是社会构成最基层的场所，直接关系着村民的生活质量。因此，做好农村文物建筑整体保护利用工作，对于提高当地传统村落开发规划建设的整体水平，保护和传承优秀传统文化，都具有十分重要的意义。

6 农村土木建筑保护和发展典型案例

6.1 宁夏龙王坝村：互联网+农村旅游扶贫

6.1.1 情况简介

龙王坝村坐落于宁夏南部山区著名的红色旅游胜地——六盘山脚下，位于火石寨国家地质公园、国家森林公园和党家岔（亚洲第一）震湖及将台堡红军长征胜利会师地三大景点之间，距离县城10km，火石寨景区19km，北接309国道，南连西三公路，交通便利，有龙泉湾等独特的优势资源，非常适合发展乡村休闲观光农业，是休闲、度假、踏青、避暑、采摘的好去处。龙王坝村土地总面积12000亩，其中耕地面积5700亩；辖2个合作社，其中西吉县心雨林下产业合作社是全国唯一一家以合作社命名的国家级林下经济示范基地。该村是全县200余个贫困村之一，有8个村民小组，1700多口人，是远离城市喧闹的原生态村长寿村寨。村里空气质量好、负离子含量高、饮用水源洁净，是一个理想的居住地。村里小梯田众多，梯田里种植着各种小秋杂粮，梯田边种植着杏、油桃等经济林，农林间作、自给自足、相得益彰。家家房前屋后都有小菜园，菜园里的蔬菜不打农药，不施化肥，是名副其实的绿色有机蔬菜。村里随处可见石磨、碾子，为当地发展乡村旅游提供了“原生态”的资源。

2014年以前的龙王坝村是西吉县一个很贫困的小山村，随着2014年整村推进扶贫工作在龙王坝的开展，在各级政府的关怀和区、市、县扶贫、旅游、农业、林业等部门的大力扶持下，龙王坝村大力发展乡村旅游、休闲农业和林下经济，彻底改变了这个贫困小山村贫穷落后的面貌，龙王坝也被农业部确定为2014年中国最美休闲乡村。

为带领村民脱贫致富，龙王坝村建设了龙王坝休闲农业创客示范园，园区已完成投资3000万元，拥有多栋回乡大学生休闲创意创业温室大棚、乡村旅游创客精品民宿客栈、3000余平方米村民入股众筹餐饮中心、2000亩油用牡丹基地、万羽震湖生态鸡养殖基地、文化小广场等多样的可用于休闲农业开发、乡村旅游、林下经济三者融合发展的创业孵化硬件资源。

6.1.2 发展举措

龙王坝村以发展休闲农业为切入点，以脱贫攻坚为统领，以增加农民收入为核心，以旅游创客创新为发力点，依托本村丰富的自然景观资源，农村旅游+互联网，走“一二三”产业融合发展的路子，创新发展乡村脱贫模式，现已建成千亩林下油用牡丹基地、万羽林下生态鸡基地、林下梅花鹿养殖中心、农家餐饮中心、文化小广场、云台山寺庙群、山毛桃生态观光园等，形成了传统三合院、多种风格特色民居并存的美丽乡村风貌，贫困群众生产生活得到了明显改善，村容村貌焕然一新，已形成生态环境优美、布局合理、设施完善的乡村旅游创客基地，成为具有地方和民族特色的新农村。年接待游客达数万人（次），带动全村农民走出“1234”旅游扶贫致富路。

（1）户均建1栋休闲采摘日光温棚。合作社采取“农户出地、政府补助、合作社出资的模式”，农户以土地入股，可获得资金分红，且有大棚租金收益，这种模式既提高了贫困农户收入，又让创客有了创业平台，并让合作社有地使用，迅速形成规模。

（2）农民户均种植两亩油用牡丹。油用牡丹是耐旱抗寒耐贫瘠的多年生木本药食两用作物，不仅有旅游观赏价值更有很高的经济价值。农民种植油用牡丹，年亩产量最少达400余斤，年创收达到数千元。

（3）拓宽旅游接待，修建客房。为改变农户保守观念，龙王坝推出“农房变客房、农民变创客”的发展思路，动员景区农户改造客房发展民宿客栈这种农家乐高级版本，这一模式不仅仅让农户赚到了钱，更重要的是培养了他们的创业创新意识。

（4）农民户均养殖林下生态鸡。按照“合作社+农户+市场”模式养殖畜禽，培育无公害中草药和畜、禽、蛋等无公害动物食品，形成具有丰富活动主题和独特生态环境的休闲度假基地。这样不仅可以提升农家民宿客栈的农家味道，更将农户变成了生态鸡销售线下体验店，农户家里就地转换成了创客发展平台。

今后的工作方向：自筹资金并争取项目资金完善旅游厕所、游客服务中心、游步道、智慧小屋、旅游标牌等基础设施建设和导游等人才队伍建设，同时加大营销宣传力度，做到边建设边营销运营。按照先村庄、后田庄，先村容、后文化的做法建设打造最美龙王坝，对龙王庙、古道、古城堡进行再开发、再保护，充分体现龙王坝村悠久的历史与深厚的文化底蕴。同时将进一步加大旅游扶贫与贫困农户的精准对接，做到精准扶贫，提供更多就业岗位，率先成为宁夏摘帽脱贫的标杆村。这种“文旅融合”“农旅融合”“产旅融合”的龙王坝旅游扶贫模式在西吉县、固原市乃至全宁夏已经取得了一定的成绩。

6.1.3　取得的成效及发展预期

（1）取得的成效及发展预期如下：在龙王坝创建旅游创客基地，首先便是引进、培育创新创业人才，吸引众多创客进入乡村休闲农业产业，是龙王坝乡村休闲农业实现向更高层级转型、向更新理念转变、向更长产业链延伸的积极举措。组织引导大学生、返乡农民工、专业艺术人才、青年创业团队等各类“创客”投身龙王坝乡村发展，推动龙王坝乡村休闲农业实现转型提升、创新发展。

（2）直接为青年（大学生）和新型农民提供创业服务。当前，青年（大学生）和新型农民的创业问题已经成为各级党组织和政府关注的重点，也是社会的热点。建设西吉县龙王坝休闲农业创客基地，是深化全民创业行动的具体举措，是推动青年人才智力资源转化为现实生产力的重要手段，更是帮助他们创业的实际行动。

（3）有利于创新全民创业工作。不断坚持、丰富和发展服务青年（大学生）、促进发展的工作理念，更好地服务青年（大学生）、服务社会。创建西吉县龙王坝休闲农业创客基地，可以提升西吉县招商引资、全民创业影响力，促进全民创业工作再上新台阶，为新时期全民创业工作创建新机制，提供新经验。

该项目实施建成后，可引进乡村休闲农业创客 400 余人，吸引游客 30 余万人，创收 6000 余万元，为该村提供 600 个以上就业岗位，可全部实现脱贫。

6.1.4　互联网+创意扶贫

龙王坝村 2014 年被农业部认定为中国最美休闲乡村，该村具有比较丰富的乡村休闲旅游特色资源。在推动摄影写生、文化创作、非遗传承、旅游电商等特色业态与乡村旅游融合发展中形成了龙王坝模式，并在同业内有较高的知名度和认可度。龙王坝把林下经济、乡村旅游、休闲农业结合起来，着力打造生态休闲、民俗体验、三农乐园、研讨旅行为主要内容的乡村旅游目的地，走出了一条“南部山区落后村庄”变“宜居宜游宜商新型乡村”的农村脱贫致富发展新路子。

（1）利用互联网融合传统文化助力扶贫。利用微信平台的普及率和影响力，改变农民落后的传统观念，提高农民的文化知识水平，提高农民的自身素质和思想观念，村民利用一些自排自演的节目，积极彰显西吉文化的地域特色，不拘泥于传统，进一步突出西吉乡土文化魅力。

（2）“信息共享”搭建交流互动新平台。借助山庄人员流动快、务工人员相对集中的优势，搭建免费互联网 wifi 微信群、公示栏信息公开“线上线下”两种互通互联平台。针对老中青各类群体需求，在微信群内定期发布政策、创业、技术、养生等各类信息，特别是对群众普遍关注的农村低保分配、精准扶贫对象确定、危窑危房改造指标等信息及时发布，接受群众监督，消除化解基层矛盾，使现代化的科技手段成为联系融合村民、沟通交流的有效平台。龙王坝村抓住了新型媒体快捷、方便、寓教于乐的特点，通过每天和村民进行沟通式的传达，达到了双赢。

(3) 依托景区深挖农村资源，民房变客房。为提高贫困户收入依托本村位于火石寨、震湖景区、将台堡红军胜利会师碑等旅游线路中间的优势，将“民房变客房”，推出民宿扶贫模式。

(4) 整合农村资源创意扶贫。为提高贫困户收入，破解农产品销售难题，合作社按照“创意变收益、农民变导游、产品变商品”的思路，在2017年鸡年推出“四（鸡）季发财、吉（鸡）祥如意”创意主题扶贫模式。

龙王坝村依托本地的自然景观资源以“生态休闲立村、乡村旅游活村、林下经济富村”为抓手，以“农村变景区、农民变导游、民房变客房、产品变礼品、创意变收益”的旅游扶贫总体发展思路，依托本村位于火石寨、震湖景区、将台堡红军胜利会师碑等旅游线路中间的优势吸引游客。利用中国最美休闲乡村和国家级林下经济基地开展研学旅行科普教育和特色旅游产品（精品马铃薯、精品草莓、林下生态鸡、油牡丹）开发，拓展省内外旅游市场，大力发展乡村旅游与休闲农业，走“三产”融合发展之路，探索适合六盘山贫困带精准扶贫新模式，加快村民脱贫致富步伐，建成全国乡村旅游扶贫开发试点示范村。

龙王坝村先后荣获中国最美休闲乡村、全国生态文化村、中国最美乡村旅游模范示范村等称号。通过推动休闲农业产业的发展，带动龙王坝经济的发展，通过安排劳动力就业，带动村民致富，最终将龙王坝推向全国走向世界。

6.2 浙江金华市——古村落开发

6.2.1 情况简介

金华市传统古村落旅游资源丰富。2012~2014年，国家住建部7部门先后公布了三批中国传统村落名录，金华市共有24个传统村落列入；排名浙江省第二。2017年，金东区山头下村、婺城区平古村、永康市厚吴村、武义县郭洞村和俞源村五个传统村落入选《最美古村落》100强榜单，位居浙江省第一。2018年，139个传统村落入选金华市市级传统村落名录。

金华人热衷于传统古村落旅游。金华经济发展水平较高，已进入了后工业化时代。金华居民普遍有着良好的收入，追求高品质的生活，向往青山绿水。金华号称“小邹鲁”，非常注重教育，而古村落是我国乡村历史、文化、自然遗产的“活化石”和“博物馆”，金华家长喜欢带孩子去传统村落游玩，既能休闲放松，又能学到知识。

金华市各级政府高度重视传统古村落旅游开发。金华政府出台多项政策和设

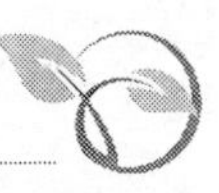

立专项资金，鼓励传统村落旅游开发。金华政府整合中国传统村落保护、美丽宜居示范村试点、历史文化村落保护政策，形成了“多村合一”的项目统筹机制，集中各项扶持资金用于传统村落的保护、基础设施的建设、旅游项目的开发。随着乡村振兴战略的推进，传统村落的旅游开发将会得到更大的支持。

6.2.2 发展举措

金华市传统村落旅游开发始于 20 世 90 年代的诸葛村，通过 20 多年的开发建设，像诸葛村、俞源村、郑宅等已成为中国著名的旅游景点，每年都会吸引大量的游客来游玩，传统村落既得到了很好的“活化”保护，又促进了当地经济发展；金华政府从 2015 年开始举办“海外名校学子走进金华古村落”等活动，向世界展示金华传统村落的良好形象，宣传了金华传统村落，而且向世界展现中华文化、中华文明的灿烂性、创造性和多样性。

但是目前开发也存在不少问题，目前金华许多传统村落旅游开发尚处在初级阶段，主要是对古村的基础设施和古建筑进行了修整，对重要的历史文化遗产进行了简单的商业包装。从管理上看，管理比较松弛，没有一个专门的机构和管理团队；从经费上来看，没有门票收入，不利于古村的持续保护开发；从客流量上看，周末和节假日还有些人来游玩，平常时间就游客稀少。加上众多古村旅游产品同质严重和恶性竞争，古村内涵挖掘不够，没有旅游品牌，旅游开发方向不明确等，致使金华很多传统村落的旅游开发效果不明显。以下以山头下古村为例，分析金华传统村落应如何进行旅游开发。

6.2.3 预期发展方案

（1）预期发展方案如下：打造古建筑旅游之地。目前，金华传统村落的旅游开发成果比较理想的古村，都以建筑布局和风格作为旅游开发方向，如诸葛八卦村以建筑格局按“八阵图”布列为卖点，俞源村以太极星象布局为卖点，乌石村以黑色火山石垒成的古民居为卖点等，吸引着众多游客和学者前来参观。古建筑的风格和布局是古人运用风水学，结合当地的人文自然环境，力求天人合一的反映，是古代劳动人民智慧的结晶。

如山头下村古建筑的特色是：五行八卦、袖珍古城。古村按照“金木水火土”的五行建造设计，“开”字形格局接近古代州府城市的“井”字形，勾勒出我国古代城市雏形。山头下村奇特之处还在于村旁有一座孤零零“蝴蝶形”的小山坡，在山坡上可以一览古村建筑布局。山头下村的古建筑及布局，必然对学习建筑和研究古村落的人有很大的吸引力；古村内排水设施完善，没有出现过内涝，对现在乡村和城市规划具有重大的借鉴意义；徽派建筑的古韵古香，厅堂及厢房上雕刻精美的牛腿、楼梁，加上优美的乡村自然风光，可以吸引热爱画画的人来写生。所以，金华传统村落在旅游开发时，重点应做好古建筑开发利用。

（2）打造文化旅游之地。传统村落与其他乡村最大的区别就是历史文化价值，而文化传承与旅游开发紧密联系。文化是旅游活动的精神支柱和旅游经济的重要引领；旅游文化是实现教化功能与娱乐功能的重要载体，是发掘、弘扬和丰富文化的有效途径。

金华传统村落的旅游开发应抓住古村的历史文化内涵，如郑宅在旅游开发时，紧扣其家风家训和牌坊。山头下古村有着丰富的文化资源，山头下的祖先是曾任金华太守的南朝文学家沈约，著作有《宋书》《沈隐侯集》等。明朝开国文臣之首，明初诗文三大家之一的宋濂，曾在山头下古村开堂讲学。山头下村里还流传着许多仁义故事，是名副其实的“仁义古村”。古有沈感卿把做寿的银两捐献出来造了“仁寿桥”，方便乡亲过河；现代也有沈氏子孙捐款在村子里修桥建路。

山头下古村或其他金华传统村落旅游开发应以仁义——“乐于助人”为方向，以形成文化旅游高地。

（3）打造乡村休闲旅游之地。进入 21 世纪，我国乡村休闲旅游进入一个全面发展的时期，尤其是最近几年，随着经济的发展和城市居民的压力陡增，乡村休闲旅游呈现出一个蓬勃发展的新态势。金华传统村落应利用自身的条件，发展乡村休闲旅游。金华传统村落只有在做好古建筑和文化保护的基础上，做好乡村休闲旅游，旅游开发才能得到快速发展。

6.3 上海市嘉定区毛桥村：保留式改造

6.3.1 情况简介

毛桥村位于上海市嘉定区华亭镇，地处上海市郊西北部，北与江苏省交界，位于嘉定现代农业园区核心区，区级霜竹公路横贯全村。全村辖 8 个村民组，总人口 700 余人。毛桥村的自然资源条件良好，光照充足，雨量充沛，灾害性天气较少；自然水系交错，基本无污染，是上海北部地区水源区；地形平坦，土质肥沃，适于粮食和果菜种植，是上海传统农业区。具有发展设施、生态、休闲、旅游和观光农业的良好基础。

6.3.2 “保留式改造”方案实施

2006 年上半年，嘉定区政府决定选择嘉定经济相对较为滞后的毛桥村作为农民住宅改造的试点。为贯彻落实党中央关于新农村建设的总体要求，毛桥村一面广泛听取村民意见，一面在区发改委和镇领导支持下，邀请市、区规划局和同济大学对三个组的 500 亩土地进行实地勘测，制订总体规划，并且邀请相关专家论证修改，最终选择了“原地改造、保护整治”的“保留式改造”方案。这一方案的选择很明显出人意料，因为在上海这样一个国际性大都市，土地资源十分紧张，土地成本非常高。集中建设新楼，挤出更多的土地搞建设似乎更符合一般大城市新农村建设的范式。但事实证明，毛桥村“原地改造、保护整治”的“保留式改造”方案更符合毛桥村的具体情况。毛桥村位于郊区，土地资源相对丰富，自然村落保留得比较好，是国际大都市难得的自然风光资源。“保留式改造”方案为上海这朵鲜花留下了难得绿叶。图 6-1 所示为改造之前的毛桥村。

图 6-1　改造之前的毛桥村

6.3.2.1　发展举措

在实施改造的过程中，毛桥村以传统的青瓦白墙为主，保留农村大灶、柴垛、老井、水桥、青石板路等当地农村原始设施，充分展现了江南水乡的自然风貌；同时，从八个方面对村庄环境和基础设施进行综合改造。对建筑年代较长的住宅进行适当整修；对建筑年代较近的住宅进行墙面粉饰；对影响整体环境的部分建筑予以拆除；对原有的路网进行适当拓宽和改造；对河道进行清理拓宽、筑造堤坝等；对村民家的卫生间进行新建和改造；对村民家的厨房进行改造，但保留原有的农村大灶；对整个自然宅的自来水管道进行重新铺设，并新建生活污水收集系统和污水生化处理系统；在宅前屋后及道路两侧增建绿色植物，选择本地自然品种；对电网、通信网进行改造，并为每一户农户新装分时电表，在所有干道上安装了路灯。

图 6-2 所示为改造后的毛桥村。

图 6-2 “保留式改造”后的毛桥

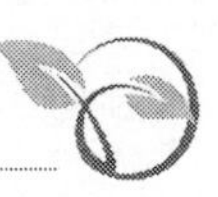

6.3.2.2 农业与旅游

发展“农业+旅游”是毛桥村的新农村建设的一大特色。

毛桥村抓住村庄改造的机遇，利用接近市区的区位优势和独有的自然风貌，结合华亭镇现代农业园区的旅游资源，大力发展观光旅游业，开设农家乐、休闲、垂钓、蔬果采摘等项目，并开展特色农副产品供应，为农民增收打开了新渠道。

毛桥村一方面发展传统品牌农业，培育驰名中外的主导产品“上海白蒜”和“毛桥水蜜桃”；另一方面引进培育有商业价值的现代农业产品，如种植哈密瓜、扩展葡萄园。打造出了“上海”牌哈密瓜、“下西洋”牌有机蔬菜、“嘉蜜”牌有机大米及无公害水蜜桃等具有区域特色的品牌农产品。

毛桥村的旅游业是以农家院落为载体的，整合涉农知识、文化、教育、自然、人文景观和相关农业项目等资源，为城市游客提供集旅游、观光、休闲、体验于一体的统一经营的系列服务，向游客展示建筑风貌、民俗风情和当地饮食文化。

经过“保留式改造”，蜿蜒平坦的乡间小道环绕着白墙黛瓦的农家小楼，老树青藤、小桥流水，整个村庄就是一座优美的农家园林，实现了外墙白化、道路硬化、河道净化、环境美化、生活优化。如今这里已成为城市居民周末休息的好地方。毛桥村在上海市民评选的“十佳乡村旅游景点”中名列第一，已成为了全国农业旅游示范点。

6.3.3 “保留式改造”的优点与启示

毛桥村的“保留式改造”首先解决了改造资金不足的困难。毛桥村的改造政府出资达90%，并把重建的一部分资金用在村容村貌、基础设施的改造上，既改善了村容村貌，又减轻了农户的经济负担，深得农民的拥护和欢迎。这是一个花少量的资金取得了较好的经济效益和社会效果的典型案例。

其次，毛桥村的“保留式改造”方案留住了毛桥村乡村的独特风貌。毛桥村的“保留式改造”最大的优点是保留了原有自然村落的格局，保留了村民的原有生活方式，保留了乡村的历史文脉。毛桥村的民居建筑风格多样，体现上海不同时期建筑特点。其田园风光、乡土文化、民风民俗具有典型的江南传统村庄的人文景观和优势。毛桥村的改造更多地注重保留“自然风味”；注重保存江南民居原貌。正因为实施“保留式改造”，毛桥村的“百年老屋”才能保留下来。“百年老屋”现在成为镇村重点保护对象，并已成为毛桥村的一大景点。事实证明，“保留式改造”既改善了毛桥村村民的生活条件，又展现了毛桥村“小桥流水人家”的传统农家特色。

毛桥村的新农村建设既保留了原有自然村落的格局，又发展了现代农业和现

代旅游，改善了农民的生活质量，提高了农民的生活水平，是真正意义上的新农村建设。

毛桥村通过“保留式改造”建设新农村，更符合我国广大农村的建设，更符合新农村建设的旨意。毛桥村通过“保留式改造”建设社会主义新农村为全国新农村建设探索出了一种新模式，走出了一条新道路，它对于全国新农村建设特别是农村土建筑的保护和发展具有很大意义。

6.4 安徽省潜山市官庄村：现代化的建筑与传统古建和谐共处

6.4.1 情况简介

官庄村位于安徽省安庆市潜山市官庄镇，在潜山市西北部，与舒城县接壤，是官庄镇政府所在地。新农村建设之前的官庄村如图 6-3 所示。官庄村有 42 个村民组，总人口 4300 余人。村域内生态环境良好、旅游资源丰实、人文底蕴深厚、传统产业历史悠久。山上茶园、桑园星罗棋布，山下田园风光秀美。境内有清乾隆皇帝御赐“五世同堂”匾额、德馨庄、余氏宗祠（省保）、千年银杏树、风溪桥、三牲石、官庄老街、余大化烈士墓等名胜古迹。龙狮灯、民间剪纸、黄梅戏等历史传承犹存。传统产业有豆制品、书画纸、茶叶加工及商贸业等。溪水穿村而过，村民依水而居，日出而作，日落而息。这是一座有着上千年历史的古村落，更是农耕文明的活化石。

图 6-3　新农村建设之前的官庄村

6.4.2 尊重历史建设新农村

2012 年，安徽省人民政府作出关于全面推进美好乡村建设的决定。按照中央提出的“生产发展、生活宽裕、乡风文明、村容整洁、管理民主”的总要求，推动工业化、信息化、城镇化、农业现代化同步发展，以统筹城乡经济社会发展为方略，以增加农民收入、提升农民生活品质为核心，以村庄建设、环境整治和农田整理为突破口，协调推进产业发展和社会管理，加快建设资源节约型、环境友好型乡村，努力打造宜居宜业宜游的农民幸福生活的美好家园。

潜山市领导以及专家在深入实地调研和论证基础上，在广泛征询广大农户意愿基础上，最终选择了“尊重历史”的“和谐共处”方案。由于改革方案合理，并在全体村民的努力下，官庄村也在新农村建设中脱颖而出，先后获得“中国美丽田园”“全国特色景观旅游名村”“中国宜居村庄”“中国美丽休闲乡村”等称号。新农村建设之后的官庄村如图 6-4 所示。

图 6-4　新农村建设之后的官庄村

（1）发展举措。以建设风情小镇、美好乡村、幸福家园为目标，坚持党政主导、群众主体、村干主抓的建设模式，保留乡村风貌，充分挖掘传统文化资源，推动乡村环境整治、基础设施建设和公共服务设施配套，全村组组通水泥路，户户通自来水。硬化村组道路，安装路灯，绿化，修建凉亭，建设旅游步道，配备消防车、洒水车、环卫车，实行全天候保洁服务，建设太阳能污水处理设施，建设文化墙。实现全村的硬化、美化、绿化、亮化。如图 6-5 所示。

（2）传统古建筑的保留。官庄村的建设方案留住了官庄乡村的原汁原味。余氏宗祠是一处雕梁画栋的古建筑，三进两厢，约 400m^2，是余氏先祖余文章在清乾隆五十七年（1792）修建的。古祠堂在新中国成立前，每年有一至两次族务活动，新中国成立后被视为国有资产使用，做过学堂、供销社、食品组、公社企业、个体厂（坊）。由于历史原因，曾损毁严重。2011 年，家族开会，凑钱整修

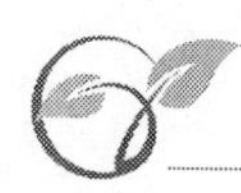

图 6-5　官庄村现代化建设

祠堂，恢复古迹。到 2013 年祠堂才基本整修完毕。后来经过申报，如今祠堂已是县、市、省重点文物保护单位。整修如新的余氏宗祠，东厢设有农耕文化屋，用来展示各种农具，还有农家书屋；西厢依然是余氏家族的会议厅，用做家族议事的活动中心。在大厅两侧的墙上，贴有余氏宗祠的简介、余文章传、五世堂后裔历史名人简介及余氏的家规家训。在厅前，还有高悬的“五世同堂”和“七叶衍祥”匾额，匾额虽有些斑驳，乾隆二字清晰可见。余氏宗祠里的一切，处处显露出余氏家族昔日的荣光（图 6-6）。

图 6-6　余氏宗祠

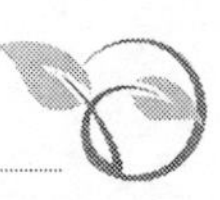

德馨庄俗名广兴老屋，始建于明正德年间，清乾隆末扩建成明“七暗九硬五进”的大宅子，占地 8400m^2。据史料记载，余文章就出生在这里，出生刚满月，父亲病逝，母亲独身抚孤，余文章成人后，以孝敬孀母为第一要事，母亲老病，他与妻子日夜陪侍，亲制汤药，数年如一日，毫不懈怠。诚孝闻声远近，乡人倍受感化，邻里相助、敬老抚幼、友爱兄弟、和睦相处，蔚然成风。余文章一生忠孝节义仁爱之风，不仅受到当时百姓的景仰，也受到朝廷的肯定，《清史·孝义传》将其孝善行立传载入。

乾隆五十五年，余文章 87 岁，有 7 子，全家 130 多口人，五世同居，和睦相处。县令见闻奏报朝廷，乾隆乃赏赐“五世同堂”匾额，隔 3 年又赐“七叶衍祥”匾额。在庄正门门楣上，依然可见“五世同堂”的石刻。

如今的德馨庄，内里的房屋虽有些破败，但从外面看，依然恢弘大气（图 6-7）。白墙黑瓦、雕栏翘角，古色古香。在美好乡村建设中，为传承孝义文化，促进和谐村居和精神文明建设，官庄村的余晓八广泛梳理余文章治家经典，就地改造广兴老屋，让德馨庄重新焕发出时代风采。

图 6-7　德馨庄

6.4.3 发展休闲农业

官庄村是镇政府所在地，自然条件优越，交通便利，地处深山盆地，村里因地制宜组建了乡村旅游股份公司，成立了专业合作社，大力发展休闲农业和乡村旅游，从建设美丽乡村转向经营美丽乡村。

（1）茶产业。发挥地域特有优势，着力搞好茶产业。改造老茶园，发展高产优质茶园。成立茶叶专业合作社，采用承包合作的模式，抱团发展，产品畅销省内外，其中“天柱翠绿”品牌在中国（安徽）第二届茶产品博览会上获金奖。

（2）豆制品。老街全长300余米，宽3米，路面由青石板铺成，两旁店铺众多，主要经营汉皮纸、书画纸、黄板纸、竹木器、油漆画、豆制品、茶叶、蚕茧等，素有“豆腐之街、书画之乡”之称。

官庄产桑皮书画纸始于宋元时期。2004年，桑皮纸走进了紫禁城，破解了故宫修复古迹难题。

如今的官庄老街有了新的名字，称为“豆腐一条街”。官庄由于海拔高，山地土质好，气候湿润，特别适宜黄豆生长，加之山里清泉众多，甘甜清冽，做出的豆腐白如玉、嫩如脂、素而香、鲜而纯。因此，几百年来，这里家家户户便形成了做豆腐、吃豆腐的习惯。官庄豆腐坊至今还保留着传统手工做法。

（3）乡村旅游。充分挖掘传统文化、红色文化，修缮古名居、古建筑，开发自然风光、田园风光。修复余氏宗祠，整修广兴老屋；开发采风探古、旅游观光、书画写生、廉政教育、红色记忆、自驾体验、休闲养生、探险漂流、桃园采摘、水上垂钓等项目；建成凤凰山生态休闲公园、游客服务中心、汽车露营地、农家乐、停车场、休闲广场、旅游公厕等公共服务设施，德馨家“3A”风景区。2017年“五一”小长假接待游客1.6余万人（次）。发展乡村旅游、现代农业、农特产品加工等适合山区农户发展的项目，从建设美好乡村转向经营美好乡村，实现富民强村。

如今的官庄村，水泥路纵横交错，新的居民楼散布其中，现代化的建筑与传统古建和谐共处。

传统古建筑保护仍然任重道远，很多地方的传统村落面临开发式破坏，村民改善住房条件的愿望与保护古建筑矛盾依然存在，“民宿”式新农村开发为保护古建筑走出了一条新道路，村民也能切实享受到了实惠。

参考文献

[1] 李兴媛．对现行农村家庭联产承包责任制的分析［D］．北京：中央民族大学，2010.

[2] 左绍伟．发展现代农业是新农村建设的首要任务［J］．浙江现代农业，2007，23（1）：1.

[3] 于瑞强．仫佬族传统民居建筑符号特色及文化再生价值［J］．广西民族大学学报（哲学社会科学版），2016（1）：92-96.

[4] 盛玉轩．浅析新形势下农村建筑弱电施工管理［J］．科技致富向导，2015（3）：182.

[5] 段丹．浅谈传统民居的现代传承［J］．艺术科技，2016，29（1）：309.

[6] 郭欢欢，张安明，庞静，等．新农村建设中的建设用地节约集约利用探讨［C］．中国土地资源可持续利用与新农村建设研究．2008.

[7] 司春霞，胡瑞芝．我国农村居民点布局存在的问题及对策研究［J］．农村经济与科技，2006，17（12）：64-65.

[8] 张蔚．农民自建房施工合同纠纷审判实务探讨［D］．南京：东南大学，2016.

[9] 董晓，王方戟．从加建、改建看农村住宅建设及使用的三个特点——以丽水利山新村为例［J］．西部人居环境学刊，2016，31（4）：41-48.

[10] 祁国平，陈永．农村住宅防火存在的问题及技术政策要点［J］．城乡建设，2011（1）：58-59.

[11] 周凡杰，李静，朱占元．农村住宅质量安全现状与对策浅析［J］．土木建筑与环境工程，2015（s1）：72-77.

[12] 嵇飙，杜海滨．山东省新农村住房建设质量安全监管工作探讨［J］．福建工程学院学报，2010，8（6）：601-603.

[13] 林峰．关于促使建成住宅尽快投入使用的几点建议［J］．城市问题，1983（3）：16-18.

[14] 廖妮．某底框结构房屋地基不均匀沉降事故原因及加固处理［J］．居舍，2018（32）：13.

[15] 李德军．谈建筑工程施工中存在的问题与建议［J］．科学技术创新，2011，31（18）：124.

[16] 邱丽莉．房屋建筑质量安全隐患之法律浅析［J］．城市建设理论研究（电子版），2013（6）．

[17] 舒隆刚．浅议农村房屋建设中存在的问题及对策［J］．建材发展导向，2017（15）：228.

[18] 四川省住房和城乡建设厅．四川省住房和城乡建设厅关于印发《四川省农村居住建筑施工技术导则》的通知［N］．2013-03-15.

[19] 王从财，刘伙，梅秘明，等．浅谈我国目前农村住房建设中存在的问题与对策［J］．农村经济与科技，2014（10）：152-153.

[20] 舒杨杨．农村私人建房安全施工及科学管理的思考［J］．环球市场信息导报，2011（8）：106-108.

[21] 邹泓荣．轻质墙体加网防裂的作法比较与选择［J］．建筑技术，2006，37（4）：275-276.

[22] 崔晓荣．加强农村基础设施建设的经济法思考［D］．重庆：西南政法大学，2007.
[23] 赵春建．建筑工程施工中钢筋混凝土的质量通病与对策［J］．四川水泥，2015(8)：284.
[24] 苏玉营．浅析地基不均匀沉降的原因及防治措施［J］．中国科技纵横，2013(17)：199.
[25] 姚伟，曲晓光，李洪兴，等．我国农村垃圾产生量及垃圾收集处理现状［J］．环境与健康杂志，2009，26（1）：10-12.
[26] 勾云川，李鹏．河南省农村地区建筑现状与采暖方式［J］．农业工程，2013，3（3）：59-62.
[27] 何水清．新型实用建筑材料施工技术［J］．砖瓦世界，2011（10）：36-55.
[28] 宋子亮，辉炜．农村防雷减灾刻不容缓［C］．中国防雷论坛，2004.
[29] 浅谈重点文物建筑和古建筑的防雷保护设计施工要点［C］．中国气象学会年会，2011：1-7.
[30] 周行忠．砖混结构墙体温差裂缝的防治［J］．福建建设科技，2001（1）：23.
[31] 王力盛．房屋平台渗漏处理技术［J］．价值工程，2011，30（12）：138.
[32] 詹佳欣，于昊．新农村住宅建筑设计要点［J］．农民致富之友，2015（3）：195.
[33] 王浩恺．体育经济在国民经济发展中的地位［J］．劳动保障世界（理论版），2013(10)：176.
[34] 张伟华．建设工程施工安全生产问题及监督管理分析［J］．内江科技，2011，32（7）：8-9.
[35] 陈晓华，鲍香玉．徽州传统村落保护发展现状及思考——基于黟县8个传统村落的调查分析［J］．池州学院学报，2018，32；No. 157（3）：22-27.
[36] 岑嘉莹，覃韵．关于目前中国现状的历史建筑保护的思考［J］．建筑与环境，2015(3)：61-62.
[37] 安茹．新农村景观建设存在的问题及传统文化元素应用价值研究［J］．决策探索（下半月），2014（4）：58-59.
[38] 赵家荣．加大节能宣传力度提高全民节能意识［J］．资源节约与环保，2004（12）：18.
[39] 郭建峰，谭定生．乡村建筑的发展与未来［J］．科技视界，2016（14）：179.
[40] 王瑞琦．建构视角下当代乡村建筑设计策略研究［D］．大连：大连理工大学，2017.
[41] 姜楠．中国农村土地制度变迁和创新研究［J］．科学技术创新，2016（5）：290.
[42] 曹军营，王培培．社会主义新农村建设中的绿色住宅建设［J］．城市建设理论研究：电子版，2014：272-273.
[43] 董燕，刘栋，李震．基于艺术视角的衡水农村建筑模式研究［J］．文艺生活．文艺理论，2015（7）：16.
[44] 陈涛．湖北地区农村住宅若干节能策略研究［D］．武汉：华中科技大学，2010.
[45] 李乡状．农村建筑设计知识［M］，哈尔滨：黑龙江教育出版社，2009.
[46] 刘洋．农村住宅建设施工标准［J］．门窗，2016（7）：212.
[47] 习近平．习近平总书记系列重要讲话读本：绿水青山就是金山银山［N］．人民日报，2014-07-14.

[48] 侯红霞．低碳建筑：绿色城市的守望［M］．天津：天津人民出版社，2012.
[49] 叶寒波，徐恩峰．全面推进城镇化建设的机遇——浅析小城镇商业地产［J］．城市建设理论研究：电子版，2015（21）：4760-4761.
[50] 沈敬．社会主义新农村建设存在的问题及对策探讨［J］．经济研究导刊，2013，27（9）：50-51.
[51] 农佳莹．广西农村建筑环境保护工作的生态策略探讨［J］．城市建设理论研究，2013（28）．
[52] 禹于明．乡村的建筑垃圾治理［J］．北京观察，2018（6）：18-19.
[53] 苏星．基于节能减排的废旧建筑材料再利用研究［J］．四川水泥，2018（7）：91.
[54] 北京市政协议政会．提升农村人居环境 推进美丽乡村建设——王宏崑代表民革北京市委建议［N］．北京日报，2018-05-25.
[55] 马荣才．关注农村建筑垃圾［N］．合肥：江淮时报，2019-06-14.
[56] 段兴华．新农村建设背景下农村沟渠污染治理效果及对策研究［J］．建筑工程技术与设计，2016（6）：1911.
[57] 韦新宇．试析目前新农村环境综合整治问题［J］．建筑工程技术与设计，2016（13）：2921.
[58] 何晋伟，张霄．浅谈城市建筑施工现场扬尘治理措施［J］．商品与质量，2017，（14）：191.
[59] 李建斌．议建筑施工现场扬尘治理［J］．科技风，2014（4）：154.
[60] 屠叶锋，寿雁凌．浅析农村私人违章建筑的现状与整治措施［J］．浙江国土资源，2013，（7）：45-46.
[61] 王嘉易，全兵．中国传统木建筑保护与传承［J］．房地产导刊，2014（35）：11.
[62] 李琴．重庆传统村落民居修缮工艺研究——以重庆酉阳县龙潭古镇为例［D］．重庆：四川美术学院，2017.
[63] 侯建设．近代历史保护建筑的修缮理念与工艺应用［J］．建筑施工，2005，27（4）：58-60.
[64] 汪星星，陈丽丹．新时代背景下乡村旅游提质增效升级路径研究——以始兴县为例[J]．现代农业科技，2018（22）：（261-263），265.
[65] 林莎莎．郴州汝城县明清时期宗祠研究［D］．长沙：湖南大学，2010.
[66] 赖晓青．岭南近代碉楼式建筑修缮技术研究［D］．广州：广州大学，2017.
[67] 戴仕炳，张鹏．历史建筑修复参考技术导则［M］．上海：同济大学出版社，2014.
[68] 赵琛．古建筑修缮工程施工细节详解［M］．北京：化学工业出版社，2014.
[69] 李秋香．乡土瑰宝宗祠［M］．北京：生活·读书·新知三联书店，2006：5-12.
[70] 罗哲文．中国古代建筑［M］．上海：上海古籍出版社，2001：464-466.
[71] 楼西庆．乡土建筑装饰艺术［M］．北京：中国建筑工业出版社，2006：24-48.
[72] 许长生．湖南明清时期木雕现状调查［J］．艺术评论，2009：98-99.
[73] 陆元鼎，杨新平．乡土建筑遗产的研究与保护［M］．上海：同济大学出版社，2008：26-32.
[74] 北京土木建筑学会．中国古建筑修缮与施工技术［M］．北京：中国计划出版社，

2006：170.

[75] 李芳．浅谈惠山古祠堂群的保护与更新［J］．科技信息，2008（19）：167-168.

[76] 马炳坚．谈谈文物古建筑的保护修缮［J］．古建园林技术，2002：58-61.

[77] 陈允适．古建筑木结构与木质文物保护［M］．北京：中国建筑工业出版社，2007：9-27.

[78] 朱健，董恒信．浅谈中国木结构建筑的保护［J］．山西建筑，2005，31（20）：18-19.

[79] 陈祖建，何晓琴．浅谈中国传统木结构建筑的保护［J］．福建建筑，2001：21-23.

[80] 王景慧，阮仪三．历史文化名城保护理论与规划［M］．上海：同济大学出版社，1999：43-48.

[81] 尚杰．论穗港两地祠堂的保护与利用［J］．东南文化，2006：93-96.

[82] 朱华友，陈宁宁．村落祠堂的功能演变及其对社会主义新农村建设的影响——基于温州市莘滕镇50个祠堂的整体研究［J］．中国农村观察，2009：86-94.

[83] 张复合．中国近代建筑研究与保护（一）［M］．北京：清华大学出版社，1999.

[84] 张复合．中国近代建筑研究与保护（二）［M］．北京：清华大学出版社，2001.

[85] 张复合．中国近代建筑研究与保护（三）［M］．北京：清华大学出版社，2003.

[86] 张复合．中国近代建筑研究与保护（四）［M］．北京：清华大学出版社，2004.

[87] 张复合．中国近代建筑研究与保护（五）［M］．北京：清华大学出版社，2006.

[88] 张复合．中国近代建筑研究与保护（六）［M］．北京：清华大学出版社，2008.

[89] 上海市房地产科学研究院．上海历史建筑保护修缮技术［M］．北京：中国建筑工业出版社，2011.

[90] 戴仕炳，陆地，张鹏．历史建筑保护及其技术［M］．上海：同济大学出版社，2015.

[91] 钱毅．近代乡土建筑——开平碉楼［M］．北京：中国林业出版社，2015.

[92] 张帆．近代历史建筑保护修复技术与评价研究［D］．天津：天津大学，2010.

[93] 武群．广州近代建筑砖砌体墙保护与修缮技术研究［D］．广州：华南理工大学，2011.

[94] 张雯．关注文化基因的传统民居保护与修缮设计研究［D］．昆明：昆明理工大学，2016.

[95] 杨向荣．历史建筑修缮过程中的“原真性”保护问题浅议——以杭州“富义仓”修缮为例［J］．安徽农学通报，2007（21）：41-43.

[96] 杨竹．历史建筑保护与修复研究［D］．重庆：重庆大学，2012.

[97] 陈蔚，杨玲．重庆綦江区东溪镇南华宫修缮设计［J］．重庆建筑，2013，12（12）：16-19.

[98] 四川省建筑科学研究院．古建筑木结构维护与加固技术规范［M］．四川：中国建筑工业出版社，1993.

[99] 荣山庆二（Sakayama Keiji）．日本文物建筑保护及维修方法研究［D］．北京：清华大学，2013.

[100] 赵鹏图．晋中传统民居保护修缮措施初探［J］．山西建筑，2013，39（27）：13-15.

[101] 李宁．重庆近代砖木建筑营造技术与保护研究［D］．重庆：重庆大学，2013.

[102] 徐辉．社会地域性视角下的中国古民居修复策略初探——以重庆地区古民居修复实践为例［J］．建筑技艺，2013（1）：232-235.

[103] 周志．近代历史建筑外立面保护修缮技术及操作体系研究 [D]．天津：天津大学，2013.
[104] 张文珺，黄勇，胡石．历史建筑修缮导则研究——以常州历史建筑保护为例 [J]．中国名城，2011（5）：68-72.
[105] 冯江，郑莉．佛山兆祥黄公祠的地方性材料、构造及修缮举措 [J]．南方建筑，2008（5）：48-54.
[106] 黄金胜．云南传统民居建筑抗震加固方法的研究 [D]．昆明：昆明理工大学，2007.
[107] 何智亚．特殊技术和方法在重庆湖广会馆修复工程中的运用 [J]．重庆建筑，2006（11）：19-29.
[108] 刘彦军．安阳传统建筑修缮与研究 [M]．北京：科学出版社：2013.
[109] 蒋佳倩，李艳．国内外旅游“民宿”研究综述 [J]．旅游研究，2014，6（4）：16-22.
[110] 李亚萍．特色民俗村旅游开发研究 [D]．兰州：西北民族大学，2017.
[111] 国家旅游局规划财务司．2017 中国全域旅游发展报告 [R]．北京：国家旅游局，2017.
[112] 周林．农家乐旅游经营模式研究 [D]．南京：南京农业大学，2008.
[113] 胡家暘．文物建筑保护工程实例分析研究 [D]．泉州：华侨大学，2016.
[114] 王琬琼．我国文物建筑保护法律制度研究 [D]．重庆：西南大学，2013.
[115] 傅云峰，林燕．金华市传统村落旅游开发实证研究——以山头下古村为例 [J]．金华职业技术学院学报，2018，18（4）：34-38.
[116] 王慧．传统村落旅游开发潜力评价研究 [D]．杭州：浙江工商大学，2017.
[117] 罗艳霞．新农村建设中的古村落保护开发研究 [D]．太原：太原理工大学，2008.
[118] 聂存虎．古村落保护的策略与行动研究 [D]．北京：中央民族大学，2011.
[119] 王显成．我国乡村旅游中民宿发展状况与对策研究 [J]．乐山师范学院学报，2009，24（6）：69-72.
[120] 胡衡．文物建筑保护与再利用研究 [D]．重庆：重庆大学，2014.
[121] 吴雅骊．广东环粤港澳大湾区乡村旅游产品开发研究 [J]．现代营销（下旬刊），2019（5）：131.
[122] 汪星星，陈丽丹．环粤港澳大湾区乡村旅游产品开发研究——以广东韶关始兴县为例 [J]．现代商贸工业，2018，39（25）：43-44.
[123] 罗艳霞．浅谈新农村建设中古村落保护出现的问题 [J]．山西建筑，2010，36（36）：36-37.
[124] 黎彦，孙春华．古镇旅游产品开发——基于体验经济视角 [J]．经济研究导刊，2009（21）：151-152.
[125] 游桂．基于体验视角的古镇旅游开发研究 [D]．重庆：重庆师范大学，2009.
[126] 温芳．农家乐旅游发展模式研究 [D]．南京：南京师范大学，2005.
[127] 彭燕平．乡村旅游经营模式研究 [D]．济南：山东大学，2007.
[128] 程晓燕．文物古迹保护法律制度研究 [D]．重庆：重庆大学，2006.
[129] 刘强，曲卫红．留住农村精英 推动农村发展 [J]．河北农业科技，2007（7）：53-54.
[130] 管帅．农村建筑抗震节能一体化初步研究 [D]．北京：北京交通大学，2010.
[131] 庞婧．论我国古镇旅游资源的开发与利用 [J]．现代经济信息，2011（4）：215.

[132] 刘艳琴．基于农业文化资源开发的阳春市创意休闲农业发展研究［D］．娄底：湖南人文科技学院，2014.

[133] 邓成甫．湖南衡阳地区新农村住宅居住环境改善研究［D］．重庆：重庆大学，2010.

[134] 陈光普．乡村民宿经济发展亟待破解的困境与对策——基于上海市金山区的实证调查［J］．上海农村经济，2016（9）：23-26.

[135] 王琬琼．论我国文物建筑保养与修缮的法律困境［J］．开封教育学院学报，2016，36（8）：241-242.

[136] 侯智瀚．乡村旅游新业态下的乡村建筑改造［D］．邯郸：河北工程大学，2018.

[137] 王菲．长岛模式——乡村旅游经营模式实证研究［D］．济南：山东大学，2007.

[138] 肖文金．长沙市农家乐旅游营销模式选择［J］．中南林业科技大学学报（社会科学版），2008（5）：54-56，114.

[139] 张翼．江苏省“农家乐”旅游发展的初步研究［D］．南京：南京农业大学，2009.

[140] 许欣．景区依赖型“农家乐”游客满意度研究［D］．杭州：浙江大学，2007.

[141] 秦浩．双桂堂古建筑群保护修复设计研究［D］．重庆：重庆大学，2013.

[142] 马莉．城乡统筹视角下传统村落的保护与发展研究［D］．兰州：兰州理工大学，2017.

[143] 江山．浅析“农家乐”及其景观规划［D］．咸阳：西北农林科技大学，2008.

[144] 曹永康．我国文物古建筑保护的理论分析与实践控制研究［D］．杭州：浙江大学，2008.

[145] 黄志锋．小议农家乐［J］．金融经济，2010（18）：24-25.

[146] 张铃腩．基于农户视角的乡村旅游发展及其用地研究［D］．乌鲁木齐：新疆农业大学，2014.

[147] 陈晨．中国传统建筑景观文化区解析［D］．哈尔滨：哈尔滨工业大学，2011.

[148] 刘稳稳，鲍彩莲．基于“互联网+”背景下全域旅游体验的发展对策研究［J］．现代商贸工业，2018，39（35）：43-44.

[149] 郑群明，钟林生．参与式乡村旅游开发模式探讨［J］．旅游学刊，2004（4）：33-37.

[150] 国家文物局．中华人民共和国文物保护法实施细则［J］．四川政报，1992（6）：12-15.

[151] 农业部公布2016年中国美丽休闲乡村［J］．农业科技与信息，2016（25）：42.

[152] 李俊梅，余维祥，戴成．西部地区发展乡村家庭旅馆探析——以贵州省为例［J］．山地农业生物学报，2006（06）：536-539.

[153] 冯静，杨晓莉，裘晓莲．乡村复兴背景下的浙江民宿发展研究［J］．建筑与文化，2017（5）：214-216.

[154] 徐丽萍．福建省乡村旅游景观中乡土建筑景观营造研究［D］．福州：福建农林大学，2009.

[155] 建设工程安全生产管理条例及相关法律文件［M］．北京：知识产权出版社，2004.

[156] 赵承华．乡村旅游开发模式及其影响因素分析［J］．农业经济，2012（1）：13-15.

[157] 范永刚．关于新建古镇旅游发展的探索［J］．城市建设理论研究（电子版），2014（32）：8-9.

[158] 尹超，姜劲松．江苏省古村落保护与实施状况分析［J］．小城镇建设，2010（7）：86-92.

[159] 李锦．我国现行旅游扶贫模式及改良研究［D］．沈阳：东北大学，2006.

[160] 徐浩，韩张凤．潜山县官庄村创建“中国美丽休闲乡村”工作综述［J］．安徽农学通报，2018，24；No. 350（16）：13-14，20.

[161] 郑群明．我国西部乡村旅游开发研究——参与式乡村旅游开发的意义与模式［C］．休闲农业与乡村旅游发展学术研讨会，2005.

[162] 吴迪．湘西地区传统村落景观营造研究［D］．吉首：吉首大学，2017.

[163] 韩真元．文化遗产语境下保护规划的研究——双重身份文化遗产保护规划的探析［D］．北京：北京建筑工程学院，2008.

[164] 余奕华．中西方文物建筑保护的理念差异［J］．大众文艺，2013（10）：58-59.

[165] 李华．建筑遗产的保护与再利用研究［D］．苏州：苏州大学，2017.

[166] 朱道远．“遗迹的再生”——上海书隐楼修缮设计研究［D］．南京：东南大学，2014.

[167] 李晋娜．文化遗产保护语境中的文物建筑旅游［J］．文物世界，2007（5）：68-69.

[168] 覃阳．灾害应对视角下的不可移动文物保护制度研究［D］．重庆：西南政法大学，2012.

[169] 顾军，苑利．文化遗产报告：世界文化遗产保护运动的理论与实践［M］．武汉：社会科学文献出版社，2005.

[170] 乔冠峰．古木楼阁飞云楼损伤机理与修缮保护研究［D］．太原：太原理工大学，2017.

[171] 王景慧．历史文化名城的概念辨析［J］．城市规划，2011，35（12）：9-12.

[172] 李伦．非物质文化遗产保护性开发法律问题研究［D］．太原：山西财经大学，2015.

[173] 王景慧．城市历史文化遗产保护的政策与规划［J］．城市规划，2004（10）：68-73.

[174] 吴少红．浅析古建筑文物的保护与利用［J］．赤子（上中旬），2015（15）：89-89.

[175] 刘春凯．历史文化街区保护研究探析［D］．西安：长安大学，2009.

[176] 杨艳荣．历史文化街区旅游真实性感知与游客满意度关系研究［D］．广州：暨南大学，2015.

[177] 魏晓露．论河北省历史文化名城赵县保护与旅游发展［D］．石家庄：河北师范大学，2008.

[178] 刘祎绯，李雄．针对城市遗产及其周边环境的文物保护单位法制历程评述［J］．建筑与文化，2017（11）：193-194.

[179] 蔡晴．基于地域的文化景观保护［D］．南京：东南大学，2006.

[180] 何俊乔．小城镇历史街区生存之道——原真性把握［D］．天津：天津大学，2009.

[181] 谷春．河南冢头古镇明清建筑群保护与维修技术探研［D］．郑州：郑州大学，2016.

[182] 张欣娟．浅析城市历史建筑的保护与再利用［J］．图书情报导刊，2012，22（11）：110-112.

[183] 张媛．中国近现代文物建筑的旅游价值评价研究［D］．青岛：中国海洋大学，2008.

[184] 阮仪三，张艳华．上海城市遗产保护观念的发展及对中国名城保护的思考［J］．城市规划学刊，2005（1）：68-71.

[185] 罗艳霞．新农村建设中的古村落保护开发研究——以山西平遥西源祠村为例［D］．太原：太原理工大学，2008.

[186] 徐建光．楠溪江流域新农村建设中的乡土建筑保护［J］．小城镇建设，2007（6）：

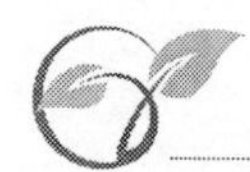

81-85.

[187] 赵瑞，斯震，杨辉，等．重启沉淀的历史——传统乡村建筑墙皮的文化价值和保护修缮浅析［C］. 2012 国际风景园林师联合会（IFLA）亚太区会议暨中国风景园林学会 2012 年会．

[188] 张国雄．试析开平碉楼与村落的真实性与完整性［J］. 五邑大学学报：社会科学版，2008（4）：5-10.

[189] 周志雄．文化视野下的古村落建设——以俞源为例［J］. 浙江社会科学，2007（4）：215-217.

[190] 相瑞花．试析我国文物资源的可持续开发利用［J］. 中国文物科学研究，2010（3）：6-11.

[191] 张昊．乡土建筑艺术的发展与复兴——惠州“村落文化景观”保护对策与批评［J］. 惠州学院学报，2009，29（6）：98-101.

[192] 冯梦媛，宋婕，胡志洪．文物保护法视阈下激励群众上交国家文物对策研究［J］. 东方教育，2014（z1）：232.

[193] 陈渝．城乡统筹视角下的历史文化名镇保护与发展研究［D］. 重庆：重庆大学，2013.

[194] 张娴．乡村旅游质量评价指标体系及评估模型研究［D］. 雅安：四川农业大学，2008.

[195] 张伟强，陈玲，刘少和．文物建筑保护与旅游开发协调发展及其对策［J］. 热带地理，2004，24（2）：187-191.

[196] 沈敏．城市发展过程中文物建筑的保护［J］. 惠州学院学报（社会科学版），2010，30（4）：121-125.

[197] 郑子良．法律语境中“文物”概念之辨析［J］. 中国文物科学研究，2014（1）：30-34.

[198] 李景平．非物质文化遗产与我国的保护措施探析［J］. 齐鲁艺苑，2011（5）：4-9.

[199] 刘小兰．乡村振兴背景下农村村庄规划建设管理地方立法的思考——以怀化市为例［J］. 怀化学院学报，2018，37（10）：54-58.

[200] 聂卿．华北地区新农村建设用建筑材料的研究［J］. 中国建材科技，2010（1）：76-79.

[201] 李雅丽．浅谈农村文物建筑现状及保护——以安徽省黟县西递村为例［J］. 新农村（黑龙江），2017（14）：7.

[202] 张兆干，石新红．现时期历史文物保护研究［J］. 山东青年，2016（1）：135.

[203] 石青．农村古建筑保护理念浅析——以新昌文物保护工作为例［J］. 商品与质量，2016（32）：93-94.

[204] 李辉政．传承、弘扬、创新、超越——零陵“周家大院”映射出的古建筑延续空间［J］. 中外建筑，2014（12）：46-48.

[205] 王新文．论文物保护法律的完善［J］. 山西警官高等专科学校学报，2009（4）：11-14.

[206] 江昼．文物建筑及其周边环境保护的新思路［J］. 华中建筑，2007，25（11）：149-151.

[207] 张丹，毕迎春．传统木构架建筑的历史渊源［J］. 山西建筑，2010，36（31）：30-32.

[208] 李嘉文．安徽黄田村文物建筑的再利用设计研究［D］. 北京：北京建筑大学，2016.

[209] 董雅娇．邯郸市峰峰矿区太行山民居建筑形态研究［D］. 石家庄：河北科技大

学，2018.
[210] 操瑞峰．试论徽派民居建筑的艺术特色［J］．安徽建筑，2012，19（5）：26-27.
[211] 张云兰．新型城镇化背景下传统村落的保护和发展——以广西为例［J］．广西民族研究，2017（2）：139-146.
[212] 郭鸣．古村落旅游的空间形态感知［D］．武汉：华中师范大学，2016.
[213] 李建婷．河北省传统村落保护研究［D］．石家庄：河北经贸大学，2017.
[214] 郭黛姮．关于文物建筑遗迹保护与重建的思考［J］．建筑学报，2006（6）：21-24.
[215] 马骏华，沈旸，周小棣．城市缝隙中的“一般性”文物建筑生存：基于展示要求的保护规划策略［J］．南京：建筑与文化，2012（9）：58-60.
[216] 彭秀涛．中西方历史文物建筑保护原则的比较研究［J］．南方建筑，2006，110（6）：15-17.
[217] 张洪峰．论文物建筑的保护及利用［J］．山西建筑，2015（26）：37-38.
[218] 代冬青．文化生态学视角下的界首村空间环境及保护更新设计研究［D］．杭州市：浙江工业大学，2017.
[219] 邓蜀阳，葛晓冰．历史古村落的多维度有机保护与更新研究——以浙江松阳县界首村为例［J］．建筑与文化，2016（8）：236-238.
[220] 杜梅萍．共建美丽乡村共享美好生活——“北京最美的乡村”宣传评选活动纪实［J］．前线，2015（10）：101-103.
[221] 叶素云．古村落民宿产业差异化发展研究——以浙江省松阳县为例［J］．党政视野，2016（12）：18-23.
[222] 沈爱兰．松阳县发展民宿业促进农民增收的做法与思考［J］．新农村，2018（4）：8-10.
[223] 何芳，李晓丽．保障性社区公共服务设施供需特征及满意度因子的实证研究——以上海市宝山区顾村镇“四高小区”为例［J］．城市规划学刊，2010（4）：83-90.
[224] 田存全．乡村振兴战略的基层实践——以潜山县官庄村为例［J］．农村经济与科技，2018（4）：179.
[225] 周翔．“景中村”视角下的潜山县天柱山镇茶庄村美丽乡村建设规划研究［D］．合肥：安徽农业大学，2017.
[226] 王先结，方跃，许玉峰．建设美丽乡村提升人居环境——潜山县建设美丽乡村工作纪实［J］．城乡建设，2017（22）：15-17.
[227] 周振宏，于涛．对于皖西大别山区美丽乡村建设中的产业规划研究［J］．吉林农业，2018（19）：36-38.
[228] 方前．安庆旅游资源及开发［C］．全国第十二届旅游地学年会暨山岳景观、皖西南旅游资源开发研讨会论文集．1997.
[229] 徐水华，杨佐平．新农村建设不忘“农村特色”和“农业本色”——上海市嘉定区毛桥村新农村建设的成功经验及启示［J］．生产力研究，2010（8）：29-30.
[230] 周建斌．城郊乡村聚落的保留与改造——上海嘉定区毛桥村新农村实践［J］．时代建筑，2007（4）：70-71.
[231] 李奎华．上海嘉定现代农业园区旅游功能渐显——“华亭人家”和毛桥村成为农业旅

游新亮点［J］. 上海农村经济，2006（11）：22-24.
［232］王迎，王萌，陈梦莉 . 安徽省美好乡村规划建设实践研究探索［J］. 小城镇建设，2017（8）：39-47.
［233］丁仙 . 科学发展观视域下新农村建设研究——以安徽霍邱美好乡村建设为例［D］. 合肥：安徽农业大学，2015.
［234］朱圆成 . 美好乡村建设的金融支持问题研究［D］. 合肥：安徽农业大学，2014.
［235］施心超 . 自然本色展新姿——记全国新农村建设示范村：毛桥［J］. 上海农村经济，2006（10）：19-21.
［236］覃劼 . 粤北始兴县石下村空间特色与保护发展研究［D］. 广州：广东工业大学，2016.
［237］黄倩 . 粤北欠发达地区始兴县农村产业结构调整及县域经济的发展［D］. 长沙：湖南农业大学，2005.
［238］王敏，吴攀升 . 古村落旅游发展策略探讨：以浙江金华古村落为例［J］. 旅游论坛，2006，17（1）：61-64.
［239］钱文燕 . 金华市古村落保护开发工作的思考［J］. 政策瞭望，2017（4）：40-41.
［240］魏丽娜，黄安民，等 . 闽南现代乡村景观旅游规划设计研究——以泉州市观山村为例［J］. 湖北文理学院学报，2014（5）：70-74.
［241］柯清真 . 闽南古村落的历史风貌与文化内涵——南安市眉山乡观山村的百年建筑［J］. 海峡教育研究，2018，21（2）：60-64.
［242］林俊程，张笑楠，唐小丽，等 . 闽南大厝的保护与传承［C］. 守望古厝的探索——两岸大学生闽南聚落文化与传统建筑调查夏令营暨学术研讨会论文集，2017.
［243］蒋钦全 . 闽南古民居及其布局——承载着历史的古民居［C］. 中华传统建筑文化与古建筑工艺技术学术研讨会暨西安曲江建筑文化传承经典案例推介会 . 2010.
［244］王西平 . 龙王坝、宁夏乡村旅游创客经济第一村［J］. 新商务周刊，2016（1）：28-31.
［245］张巧仙，周珲 . 西吉心雨林下产业合作社所在地龙王坝村入选“中国最美休闲乡村”［J］. 宁夏林业，2014（4）：42.